Naturens potential

AF666190

Naturens potential

Evan Mati

FSC
www.fsc.org
MIX
Papper från
ansvarsfulla källor
Paper from
responsible sources
FSC® C105338

© Evan Mati, Naturens potential 2023

Förlag: BoD – Books on Demand, Stockholm, Sverige
Tryck: BoD – Books on Demand, Norderstedt, Tyskland

ISBN: 978-91-8057-442-6

Innehållsförteckning

Förord

Människan har alltid varit fascinerad av naturen. Nyfikenheten på sig själv och sin omgivning har gjort att människan forskat för att komma närmare sanningen. Vetenskapen har nu visat mer utförligt vad som händer på den allra minsta nivån i mikrokosmos. Det verkar som att saker på kvantnivån beter sig på ett sätt som går emot vissa fysikaliska lagar. Det är här det metafysiska börjar. Kan man se scenariot att det finns något mer än vad vetenskapen har visat? Någonting bortom formen; som vetenskapen studerat så utförligt.

Skulle man sätta en människa helt själv i djungeln, utan kontakt med någon, så skulle hen efter ett tag undra; vad är det där uppe i rymden, vad är det jag går runt och bär på, vad är allt detta i omgivningen?

Jag har hämtat min nyfikenhet på naturen/universum från medvetna vetenskapsmän såsom Galileo Galilei, Albert Einstein, Nikola Tesla, Nicolaus Copernicus, Isaac Newton, Stephen Hawking, Steve Jobs och Elon Musk.

Nyfikenheten på naturen och vetenskap ledde mig till att ta en magisterexamen i biologi.

Majoriteten av människor tror att naturen är känslolös och kall. Det sker dynamiska interaktioner på så många lager samtidigt. Tittar man noga så ser man en sammanflätning av livet i naturen. Boken visar på ett samspel i naturen. Det är möten som sker mellan form och formlöshet.

Miljöförstöringen är modern tids största utmaning. Det dyker upp en del frågor i boken. Ta till er frågorna och verkligen reflektera över svaren. Dessa frågor är inte ställda bara så där, utan någon värdering. Dessa frågor handlar om dig. Naturen har alltid ett sätt att fixa saker på. Frågan är: ska människan vara inräknad?

Det finns bara en Tellus, låt oss behandla den som ett hem.

Syftet med boken är att förena spiritualitet och vetenskap. Det ger en djupare och fylligare bild av naturen.

Form och kroppen

Jag är intresserad av vad det är man går runt och bär på. Hur fungerar det hela? Vad finns där inne? Kroppen som enhet lever ju. Den är ju bara liv sett ur ett perspektiv, alla dessa celler som tillsammans får kroppen att funktionera. Alla dessa celler gör sin del i det hela.

Varje cell är också liv, sett ur ett mindre perspektiv. Alla dessa organeller som finns i cellen gör sitt för att cellen ska fungera. Det sker miljontals interaktioner inom cellen. Det är ett universum bara inom cellen.

Tar man ett djupdyk in i kroppen och in i de cellerna som bygger upp kroppen, så ser man en del saker. De biomolekyler som omger DNA och interagerar med DNA utgör den s.k. epigenetiska miljön i cellen. Ser man det tydligt så ser man att biomolekylerna som omger DNA och DNA i sig, är densamma som tanken att t.ex. gå till ett museum.

Tanken om att gå på museum är sammansatt och involverar en del saker. Det kan vara bussen som tar dig dit eller biljetten för att komma in. Tanken om muséet är densamma som själva genen. Man tar en buss till muséet. Eftersom bussen hänger ihop med idén om museet så motsvarar bussen de associerade proteinerna som binder till DNA. Man behöver även en biljett för att komma in till muséet. Biljetten är motsvarigheten till en substans som binder till DNA-strängen.

Organismen har vissa utseenden i naturen. Vissa honor ser ut på ett visst sätt och hanar har former som liknar annat. Inom både växt- och djurriket går det även att se båda könen i samma livsform. De flesta växter har både ståndare och pistiller. En man kan också uppleva en kvinnlig sida inom sig och en kvinna kan uppleva maskulinitet inom sig. Detta måste betyda att på en nivå är det sant att det finns kön men på en annan nivå är vi könlösa, också båda könen samtidigt.

Människans hjärna uppvisar plasticitet. Den har förmåga att skapa kontakter mellan olika centra i hjärnan och omkoppla när det behövs. Har man betett sig på ett sätt en längre tid, så kan nervcellerna mellan olika områden i hjärnan ha bildat banor som är lika tjocka som ett finger. Psykologiska konstrukter kan omskapas. Beroenden av substanser är ett exempel på detta. Skulle man bestämma sig för att välja en annan väg och t.ex. säga nej till en substans, så skapas en ny koppling mellan nervceller, men denna gång är kopplingen tunn. Den är tillräckligt tunn att när man möts utav valet att ta substansen eller ej, så kommer det upp ett nytt val och en utfallsmöjlighet. Det nya kan vara att säga nej till att ta substansen denna gång. Varje gång man agerar på den nyinitierade idén att säga nej, så stärks de nervbanorna med nya nervceller. På så sätt kan man bli fri från beroendet av substanser.

Droger är materia. Sanningen är att du har allt det där inom dig, formlöst. Alla de "kickar" du får med droger finns inom dig naturligt. Då kanske vissa säger att vissa droger är naturliga eftersom de kommer från naturen. Ja, det stämmer, men det gör flugsvamp också och det dödar dig.

Elementen penetrerar allt i hela universum. De är en del av det sanna jaget som finns i allt liv i naturen. Denna sammanflätning och integrering av elementen i livet i naturen visar sig på olika sätt. Ett exempel är att växterna använder sig av elementen för att sprida sin avkomma.

Många kokosnötspalmer växer längs stränder. De kokosnötter som har kunnat flyta verkar ha varit gynnsamma ur ett evolutionärt perspektiv eftersom de har kunnat sprida sig med vattnet. De har kunnat växa på ställen långt ifrån där nöten föll ner. Det är därför man ser palmer växa längs stränder.

Att transportera vatten till ett land där vattnet går att få i kranen är helt idiotiskt. Bensinen du använder för att tanka bilen eller lastbilen, kommer från naturliga råvaror. Det säger sig självt att det är onödigt, men jag påstår också att det är extremt absurt och destruktivt. Du är ett och sitter ihop med allt liv på planeten. Skulle man inte transportera vatten till områden där det finns rent kranvatten, så skulle man göra en signifikant skillnad för miljön.

Vatten finns typ överallt. Om det är länder som inte har tillgång till rent vatten, så är det förståeligt att man transporterar vatten till dessa områden. Däremot bör en lokal lösning ordnas om det nu går.

Eukalyptusträdets frön öppnar sig inte om det inte brinner. Fröet är så hårt att eld behövs för att fröet ska spricka. Efter branden kan det öppnade fröet gro i jorden nedan.

Vinden för med sig pollenkorn över en äng och blommorna på ängen pollineras. Vinden har en vibration, en energi. Den är inte tom. Den vibrerar på ett sätt. Växter sprider också sina frön med vinden.

Som biolog försöker man besvara frågan, vad är liv? Man försöker dra en gräns någonstans, men när det kommer till virus, kan man inte riktigt säga att det lever. För att räknas som liv är ett av kriterierna att kunna föröka sig. Virus består av en kapsel och en sträng av arvsmassa. Den innehåller inte några organeller eller annat i kapseln. Det som händer är att den sätter sig på en bakterie-, människo- eller en annan cell. Den sticker sedan hål på cellen och skjuter in strängen av arvsmassa i cellen.

Den har ju inte maskineriet för att kopiera arvsmassan så att den kan leva, utan den använder värdcellens maskineri för att tillverka kopior av viruset. Värdcellen kodar av virusets gener som kodar för höljet och arvsmassan. Massa virus spräcker cellen och kommer ut. Sedan gör den det hela igen.

Så viruset kunde inte göra detta själv. Den behövde ju värdcellen för att göra jobbet. Kan man då säga att det lever?

Under coronaviruspandemin var det en hel population som betraktade viruset som levande. Om virus är halvt levande så måste du tillföra den andra halvan med usel fantasi. Man stannade inte upp och tänkte att detta delvis också skapas och förstärks av sinnet. Media har också haft en roll i det här.

Innan sinnet tar över och börjar skapa allt möjligt onödigt så kan man uppmärksamma en medvetenhet som ser sig själv göra allt detta. Ja, alltså vara medveten om att man är medveten. Det är väl då allt förändras. Man kan träffa andra som är medvetna och har kommit en bit i utveckling av medvetenhet. De kan vara ens lärare om man tillåter det.

Är du tillräckligt medveten, vilket kan komma efter en del inre arbete, så blir du en lärare och kan visa andra.

Miljöförstöringen är en stor utmaning. Vi måste lösa det tillsammans. Det går inte att man tror att det där är en landsgräns och vad som händer på den andra sidan får andra sköta. Vissa saker kan vi inte styra över. Men vi styr vem vi innerst inne är och hur vi gör nytta i världen, vare sig det är med vetenskap eller annat. Det ligger hos dig. Makten ligger hos dig. Att inse att det är så är en befrielse.

Det synliga materiella universumet är enormt stort. Det finns allt från atomer till hela träd. Man kan se kontinenter av berg, stjärnor och planeter. Tittar man ännu längre ut ser man solsystem och galaxer. Galaxerna bildar i sin tur galaxhopar som sedan går ihop till superhopar. Allt detta gör även universum väldigt innehållsrikt. Tittar man inåt så är medvetandets innehåll, dvs. allt som kan ses av medvetandet, lika diverst och ofantligt stort. Detta universum är osynligt med ögonen, men fullt.

Det finns allt från planering av framtid till att man upplever ett minne en stund. Här finns även de fyra elementen.

För att få ett perspektiv på storleken på universum så kan man titta på mikronivå. I ett sandkorn finns det lika många kiselatomer som det finns sandkorn på stranden. Man kan inte greppa det här, men man kan få ett hum.

I den genetiska koden finns information om allt såsom beteenden, var ett födelsemärke ska sitta, det man gillar, eller att nya celler som bildas ska vara människoceller. Det kan verka som om detta är bestämt och att utfallet är determinerat. Det är sant, men den molekylära miljön kring generna påverkar vilka gener som uttrycks. Alla gener eller genkombinationer behöver inte uttryckas under en människas liv. Mat, träning eller vad man än utsätter kroppen för ändrar miljön kring generna. Skulle man exempelvis ändra på den miljön som omger generna så kan man alltså ändra utfallet. Detta betyder att man kan ändra på ödet. Så sanning blir att det finns ett öde men man kan också bestämma ödet själv.

Inom kemin har man ett begrepp som heter jämvikt. Ämnen reagerar med varandra i en blandning. Reaktionen pågår ett tag tills det rör sig mer och mer mot jämvikt. Man kan likna det med vad buddismen kallar mittenvägen. Efter att ha dragits i två riktningar, kanske mot extremer, så landar man i mitten. Buddha gick mot extremer. Han testade att bli av med begär såsom mat. Efter det bestämde han sig för en mittenväg. Det går såklart att klara sig utan mat ett tag, men så länge man är i kroppen så behövs mat.

Fossila bränslen såsom olja. Hur länge ska människan hålla på och ta jordens resurser utan att bry sig? Det är ett begär. Detta kan också kallas för ett kollektivt ego. Ett världsligt ego som inte ser enigheten hos allt levande, utan som separerar mellan varelser. Människan agerar som att det går att fortsätta göra detta hur länge som helst. Naturen har alltid ett sätt att fixa saker på.

När generna uttrycks går de igenom en process som heter transkription. Det är en omgörelse från DNA till mRNA.

Efter det sker translationen där mRNA översätts till de komponenter som gör jobbet i cellen: proteinerna. Ser man det tydligt så ser man att detta är samma som manifestation av tankar i det materiella universumet. En tanke om att gå på en fest uppkommer i sinnet. När tanken uppträder är man fortfarande hemma. Tanken har inte manifesterat sig ännu. Denna tanke kan ses som DNA. Du tar på dig kläderna du ska ha på festen, ringer och bestämmer en träff med din vän, som också ska följa med. Tanken manifesterar sig mer, men har inte manifesterat sig helt. Detta kan ses som avkodningen av DNA till mRNA. När ni är framme på festen kan det ses som translationen, översättningen av mRNA till proteiner. Nu har tanken manifesterat sig fullt ut.

I Gullvivans celler finns proteiner som modifierar packningen av DNA så att gener kan tillgängliggöras och uttryckas. Två av dessa proteiner är Histonacetyl transferraser (HATs) och Histondeacetylaser (HDACs). HATs luckrar upp packningen och medför att generna kan läsas av.

HDACs packar ihop generna igen efter det att de lästs av. Dessa två proteiner har effekt åt två olika håll. Detta är ett av ett flertal exempel på substanser i cellen som har effekt åt olika håll. Denna kan även ses i den metafysiska synen på universum. Det osynliga magnetfält som finns runt jorden är minus och plus. Inom kristendomen talas det om ljus och mörker.

Ibland ser man djur som sörjer en familjemedlems eller väns bortgång. Det är en befästning till formen. Ju mer befäst man är till formen, desto mer lider man. Smärtan kan vara en lärare som visar det man behöver uppmärksamma. I smärtan finns det en medvetenhet. När inte smärtan fyller en funktion längre, så försvinner den. Finns det smärta där så kan man säkerligen säga att den har en funktion. Det gäller att med medvetenhet träda ut ur smärtan. Man behöver inte göra någonting utan bara stå kvar i det. Alltså att inte vika av eller fly.

Döden är en del av livet. Rädslan för döden försvinner av sig själv. Den rädslan för döden är egentligen rädslan för någonting annat. Det kan vara rädsla för det ena eller det andra. Rädslan för döden är den sista rädslan.

När man passerat den så kommer den inte tillbaka. Man fördjupas i varandet ytterligare och upplever allt mer levande. Livet blir mer vitalt. På något sätt går det att vara levande utan att uppleva livet fullt ut. Det är som en livsstapel som brukar vara över gubbens huvud på tv-spel, istället för att det är helt fullt så är det endast 37 % fullt.

Allt organiskt liv har molekylen DNA i cellen. Där arvsmassan finns. Att ens allt biologiskt liv har DNA i sin cell betyder att allt liv är sammankopplat, inte bara det utan allt liv är ett och sitter ihop till en enhet.

Pigmentet rhodopsin ger lönnens blad den röda färgen. Färgen som visar på höstsäsongen. Får du kontakt med lönnen, upplever du att det finns ett djup i varelsen. På hösten producerar växten även ett pigment som heter xantofyll. Det är den molekylen som ger växten den gula färgen. Det krävs energi för att producera dessa pigment. Växten gör ett jobb för att bidra med dessa molekyler. Plantan ställer till med en show på hösten. Alla som ser på de gula och röda bladen blir tagna av vilken fantastisk växt det är.

En bofink står på en gren och sjunger sång. Fågelsången är som musik.

Ljudet vibrerar vackert för öronen. Vibrationen kan ibland också ses som en partikel, en fonon. Ljudet som man vanligtvis uppfattar som osynligt, kan uppmätas och påvisas ha en form.

Matematiken är inbäddad i naturen. Det går att se geometriska mönster och upprepningar i strukturer i universum. Tittar man noga på vissa blommor, bikupor eller grönsaker ser man att uppbyggnaden har ett mönster som följer matematiska lagar. Det gyllene snittet och fibonaccitalet är värden som visar på just detta. Man kan även se olika geometriska mönster uppstå när man skickar olika ljudvågor till en platta med sand på. Detta kallas i vissa kretsar för *helig geometri*. Gud måste vara matematiker.

Vetenskapen har visat på existensen av ett kvantfält. Detta fält går igenom ALLT i hela universum. Det innebär att allting i hela universum sitter ihop. Detta kvantfält finns inom materian och är formlöst. Kom ihåg, det är *ett* fält.

I varje fall vad vi vet om detta universum. Det kanske inte stämmer för parallella universum.

Det säger mycket om den värld vi lever i. Det betyder att hela världen är en enhet och är sammanflätad. Ur ett perspektiv kan man se det som att världen är en kropp och vi människor är celler i denna kropp. Så vad finns inom detta fält? Energi. Om det är något som vetenskapsmannen Nikola Tesla påvisar, är det att det finns energi. Det som händer inom en är också på ett vibrationsplan eller ett energiplan. I detta kvantfält finns alla tankar och känslor.

Skulle man visualisera denna energi så skulle den bete sig som det man kallar för diffusion inom vetenskapen. Så som sockret i tekoppen sprider sig sakta genom vattnet för att lägga sig jämnt i vätskan. På samma sätt beter sig energi, fast med ljusets hastighet.

Vetenskapen har påvisat vissa saker som tex tunneleffekten. Låt oss säga att man ska kasta en boll över en mur.

Vanligtvis är det så att man kastar bollen *över* muren och bollen kommer över. Men i kvantvärlden skulle det gå lika bra att kasta bollen på väggen för att få den till andra sidan. Det är mer tomrum än materia på mikronivån. Så bollen går igenom även fast den är uppbyggd av atomer.

Ett annat exempel på vad forskningen har kommit fram till är kvantkoherens. När ljus når växten så träffar det ett pigment i växten som heter klorofyll. Sedan skickas signalen/energin vidare till reaktionscentrumet. Man har sett att växten använder sig av flera olika vägar för att till slut nå reaktionscentrumet. Den använder dessa vägar samtidigt. Detta gör den för att hitta den snabbaste möjliga vägen till målet. Det kan vara så i naturen.

I tallens celler finns atomer. Vetenskapen har visat att samma elektron, i en atom, kan vara på två ställen samtidigt. Detta är ett väldigt stort vetenskapligt genombrott som berättar mycket om universum. Inte längre är materian bara på ett ställe. Elektroner finns ju överallt i universum och även i kroppen vi har.

Inom spirituella kretsar talas det om att Gud är allestädes närvarande, alltså att Gud är *i* allt och *är* allt. En fullt medveten varelse ser sig själv när han tittar på en annan. Det betyder att det är *en* spelare i detta universum som upplever sig självt i olika former.

Atomkärnorna i nyckelpigans celler är sammansatta av protoner och neutroner. Protonerna ger en positiv laddning till atomen och neutronerna ger en negativ laddning. Det är en samexistens. Tillsammans är de atomkärnan. Inom buddismen beskrivs denna samexistens som yin och yang. Inom kristendomen som ljus och mörker. Den ena kan inte existera utan den andra. Man vet inte hur den ena upplevs utan att ha upplevt den andra. Tillsammans utför de en universell lek eller dans.

Ur oordning kommer ordning i universum. Är det något som man inte gillar så destrueras det och blir till oordning. På samma vis råder oordning och ordning i cellen när det handlar om mutationer.

Mutationerna kan ses som oordning och fixas av cellens reparationssystem som t.ex. kallas BER (base excition repair) eller NMR (DNA mismatch repair). Skulle mutationen visa sig vara fördelaktig för cellen så behålls den, kopieras och blir en del av det nya genomet.

I tarmen finns bakterier som hjälper till att bryta ner maten. De får näring från maten och spjälkar den. I mag-tarmkanalen finns omkring ett kilo bakterier. Det finns de som hjälper dig och de som inte gör det. De som utför tarmsköljningar sköljer bort dessa bakterier. Man bygger sedan successivt upp en ny tarmflora.

I 1 gram jord finns det miljontals bakterier. Detta är ett perspektiv på mikrolivet i naturen.

När organismens liv bestämmer sig för att utvecklas så sker det gradvis. Till en början delar sig de första cellerna inom den fullvuxna mammans kropp. Efter några delningar så börjar ett embryo att formas. När några månader har gått kan man urskilja olika kroppsdelar och organ.

Ser man det från andra sidan av samma mynt så sker även här en utveckling. Precis som embryot ackumulerar atomer från sin omgivning för att växa så sker en gradvis utveckling av livsenergin. Denna livsenergi befinner sig i mammans mage och efter ett tag har en del av livet trätt in i fostret. Efter en tid har livet bestämt sig för att komma till världen. Engelskans *human being* beskriver detta på ett bra sätt eftersom den inkluderar både organism och varelse.

All materia har halveringstid. Atomerna som bygger upp den materiella världen sönderdelas. En atom blir till mindre beståndsdelar och dessa beståndsdelar till ännu mindre delar.

Ibland kan man stöta på ordet transmutation. Det går inte riktigt att förklara. Det slutar att vara på ett sätt och blir till ett annat. Det är en omgörelse. Man kan säga att transmutation händer. Samma sak går att säga om metabolism. Kroppen bryter ner och förbränner maten. Mat och avföring, det ena har inte med det andra att göra längre.

Inom alternativ medicin stöter man på ordet homeopati. De som står bakom homeopatiska preparat säger att en väldigt liten dos av ett ämne har effekt i kroppen. Tittar man på det på en liten skala så har homeopatiska preparat en effekt. Man kan likna det vid att man kastar en sten i vattnet och förväntar sig ringar. Det blir att ringen bildas intill stenen och stannar av istället för att sprida sig på vattnet.

Enighet i naturen

Majoriteten av människor tror att naturen är känslolös och kall. Det kan också vara så att människor har en bild av naturen som mekanisk och torr. Samma människor kanske skulle säga att djur enbart agerar på instinkt.

Det är så att enighet, kärlek och samarbete existerar i naturen. Det går att se detta bland djur, svampar, växter, mikroorganismer och allt i naturen.

Då ett bi pollinerar en växts blomma får biet nektar från växten och vad växten får i gengäld, är att den får möjligheten att producera avkomma. Pollen som fastnar på biets rygg färdas med biet från blomma till blomma. Där sker pollinationen. Naturen är sammanflätad på så många olika plan. Denna interkonnektivitet genomsyrar allt i naturen och sammankopplar alla varelser med varandra.

Det går att se ömsesidighet och kärlek i relationer hos människor. Man har en god relation till varandra och har en annan människa i åtanke. Eftersom vi är släkt med allt i naturen så finns detta bland det liv vi ser omkring oss.

Lejongapets blomma är utformad på så sätt att en humla kan flyga in och pollinera blomman. Den får plats och passar in utmärkt i blomman. Här anpassar sig liv för att fungera ihop med andra i sin omgivning.

Livet är så sammanflätat att växter och djur är beroende av varandra för liv. Det är inte *en* växts relation till *ett* djur, utan hela växtriket är beroende av hela djurriket och vice versa för att leva. Djurriket ger ut CO_2 vid utandning som växtriket behöver för att leva och växtriket ger ut O_2 som djurriket behöver för att leva. Livet upprätthåller sig självt. Detta, kan man inte säga är symbios utan mycket…mycket djupare och mer ingående än så. Detta är enighet.

En medveten andning kan göra så stor skillnad. Det finns djur som gör detta med. Att man är medveten och följer andningen.

Skulle vi göra detta oftare så utvecklas vi på ett medvetet plan väldigt snabbt. Det är inte så enkelt att göra det men man kan försöka. En liten framgång har en stor effekt.

Vissa säger att det inte finns kärlek i naturen och att utvecklade organismer såsom djuren inte är kapabla att älska. Jag påstår att kärlek, samarbete och enighet existerar hos svampar. Den finns hos växter i deras relation med svampar.

Svampens mycel, deras underjordiska delar, hjälper till att binda samman växternas rötter med varandra. Växterna får ett sätt att kommunicera med andra växter. Det svampen får i gengäld är näring, som utsöndras från rötterna. Detta samspel har gått över till att bli en symbiotisk relation. Detta samspel och samarbete stäcker sig över större delen av växt- och svampriket. Det sammanflätar växterna och svamparna. De båda får så mycket av att samarbeta med varandra så att idén om att inte leva på detta sätt är väldigt ofördelaktig för båda parterna.

Växter kan kommunicera med varandra. De skickar ut ämnen som färdas med luften, över exempelvis en äng. När molekylerna når andra växter förstår de att det är dags att öppna sina blommor. På detta sätt kan växterna koordinera öppningen av blommorna.

Djuren gör ljud och läten. Bara för att människor inte kan uppfatta dessa ljud och läten så behöver det inte betyda att djuren inte pratar med varandra. Detta är språk. Människan pratar precis som djuren med varandra, men djurens språk kanske inte är lika nyanserat som människans språk. Bara för att djuren, växterna eller svamparna inte pratar varandra så som vi människor gör med varandra, så betyder det inte att det inte sker en kommunikation. Under materian som bygger upp hela universum finns ett språk, kalla det ett universellt språk. Man märker det tydligt om man träffat en hund någon gång. Utan att vi behöver säga något så märker hunden av om vi är rädda för hunden, eller vår sinnesstämmining. Hur kan den veta det, om det inte vore för ett universellt språk?

Det som finns inom kroppsspråket är en energi. Man kan uppfatta ett kroppsspråk med perception. Då ser man rörelserna kroppen gör.

Sättet man rör sig på reflekterar det som pågår i det inre. Man förmedlar samtidigt också en energi som kan upplevas av den som är uppmärksam.

Det sker ständigt en kommunikation med omgivningen. Energi nuddar dig och du sätter igång vibrationer som påverkar omgivningen. Sitter du och skriver en bok så påverkar den energin du har i kroppen bordet du skriver på. Den påverkar också växter om du har växter hemma.

Man har hört frågan: Kan djur känna känslor? Agerar inte djuren enbart på reflexer? De lever precis som oss. Det yttre utseendet skiljer sig. Det är endast det yttre skiktet av kroppen.

Jag skulle även säga att kärlek, samarbete och enighet finns på mikronivå bland mikroorganismerna.

När man tittar på kottepalmens rötter ser man en lila nyans. Det är cyanobakterier som lever i symbios med kottepalmen. Med symbios menas att de lever ömsesidigt med varandra. De har ett samarbete som går långt tillbaka i tiden.

En gång i utvecklingen har en cell (α-proteobakterie) trätt in i en cell av ett annat slag. Den lilla cellen gav energi till den andra och den andra möjliggjorde att den kunde gå vidare till nästa generation.

Den lilla cellen som trätt in i den andra cellen är nu mitokondrier som finns inom alla våra människoceller.

Det har inte uppkommit över en natt. Det har börjat med att ena parten har givit till den andra parten och denna ”gåva” har varit fördelaktig. Då har ena parten bestämt sig för att ge tillbaka till den parten den fick av. Denna givare och mottagare kan övergå till ett ännu djupare och sammanförande samarbete, så att det till slut inte går att skilja på de två. De två går ihop och blir en enhet. Nu är det som att ge till sig själv.

När man tar en promenad i naturen, behöver man inte påverkas och dras med i de olika intrycken. Det kan vara ljud, känselintryck eller lukter. Man är hela tiden medveten om vad som händer i det inre. Dras man med, så kommer man hela tiden tillbaka till att observera det som är.

Vi behöver inte lägga någon värdering till det som uppkommer i vårt inre. Observera det du ser och upplever omkring dig i naturen, det du får upp i perceptionen. Man är en deltagare men också en åskådare, i det som man ser och upplever i naturen. Det är meditation. Jag föredrar gående meditation. Vissa mediterar sittandes.

Man kan ta en promenad i naturen utan att nödvändigtvis röra naturen. Om du bestämt dig för att ta en promenad i naturen, använd befintliga promenadstråk eller stigar.

De flesta av oss har någon gång tagit en promenad i naturen. I vilt och växande. Naturen välkomnar en om man låter den.

Man kan se att djurarter hör ihop, t.ex. fladdermöss som i 10- kanske 100-tals vistas i samma grotta. Det gäller även växter och svampar. Eller att människor träffar andra människor i grupp. Men man ser även överkorsande interaktioner i naturen. Naturen är fylld med dessa interaktioner.

Inom kemin finns det en lag som säger att energi inte kan förgöras eller skapas utan bara omvandlas. Lagen är termodynamikens första lag. Då kan man inte vara så säker på att big bang är universums början. Man har upptäckt att big bang har skett flera gånger. Om inte big bang är början så måste big bang ha skett oändligt många gånger. Här blir universum oändligt. Om man tittar närmare på sig själv och det livet man är, som befinner sig i form, så måste det också följa samma universella lagar. Man kan säga att det sanna jaget alltid har funnits och är oändligt. Då kanske det inte är helt omöjligt att själen reinkarneras och att man har föregångna liv.

Jag tycker om att gå i urskog. Man kan hitta lavar på stenarna. En lav är en svamp och alg som gått ihop. Det började med ett samarbete som gick över till omtänksamhet och kärlek.

Detta är en successiv process av fördjupning i samarbete. Det kan liknas vid två människor som utvecklar kärlek för varandra. Det kan vara förälder-barn, partnerrelation, eller exempelvis människa-husdjur.

Inom fysiken får man lära sig om frekvens, amplitud och volt. Man gör mätningar och inkluderar dem i uträkningar. De existerar i universum. Frekvensen visar repeterande vibrationer över tid. Man kan säga att den beskriver hur vibrationen är utformad. Amplituden är höjden på vibrationen och volt är styrkan. På samma sätt som det finns frekvens, amplitud och volt i det yttre universumet så finns det också inom en. En känsla eller tanke kan vara utformad på ett visst sätt. Den kan vara kopplad till någon, upplevas positiv eller negativ. Känslan eller tanken kan också vara olika intensiv eller stark. Egentligen finns det ingen gräns mellan inre eller yttre. Det är bara en.

Sann kärlek kan finnas inom familjer. Visst kan man älska en familjemedlem? En broder, syster, ett barn, föräldrar är ju natur. Då borde man också kunna älska en insekt, elefant eller trattkantarell. Man kan inte skilja på livet som finns i naturen. Separationen är skapt inom dig. Du väljer vem du älskar och känner dig enig med. Kärleksrelationer är möjliga i naturen. Livet får ytterligare en livlighet. Man känner att man lever fullt.

Det är tillfredsställande för båda parterna att ha kärlek för så mycket som möjligt i omgivningen.

Titta djupt in i naturen. Det som verkar vara trivialt har istället ett väldigt djup inom sig. Detta går att hitta i allt liv. Ju mer man undersöker universumet, desto mer kan man se att man har detta djup inom sig.

Vid ett tillfälle märkte jag att inställningen jag hade förändrade situationen. Jag märkte att situationen började gå åt ett mindre bra håll. Då initierade jag en tanke åt andra hållet, med mer positivt laddad energi. Jag fick se hur utfallet förändrades. De andra började ändra på sitt tonsätt och samtalsämnena började förändras. Till slut började alla skratta tillsammans. Man har ju alltid hört att man ska ha en positiv inställning till livet, dock inte blunda för det negativa i världen.

När jag promenerar i naturen. Vad är det jag ser? Vad som menas med att se innefattar inte endast perceptionen. Det inkluderar även det man inte ser med ögonen. Det som inte går att se med ögonen uppfattas och upplevs ändå.

Det behöver inte betyda att det inte finns. Det är bara formlöst. Hur kan man då förklara något som kärlek eller förlåtelse? Det går inte att ta på det men man blir kär och man har väl sagt förlåt eller hört det någon gång. Många avfärdar denna formlöshet.

Det finns tiotusentals molekyler i kroppen man bär på. Alla har exempelvis hemoglobin, dopamin, triglycerider, vatten, serotonin och glukos i kropparna. Det är inte så att kropparna innehåller totalt skilda organ. Det är i princip samma organ hos alla djur. Människor har ju alla lika organ inom kropparna. Det är en starkt illusorisk bild att man är skild från allt annat.

Makaker från en ö började med ett nytt beteende där de spolade sanden av frukt genom att skaka frukten i vattnet. Samma beteende uppkom hos makaker på en annan ö. De hade inte träffats. Det måste vara så att de vet om att det finns fler apor. Deras förfäder har berättat om andra apor. Det innebär att det finns ett kollektivt medvetande.

Det finns astronauter som åker ut från jorden och ser på jorden från ett avstånd. Flera berättar om att de fått en förändrad bild av vem man är. Man får ett globalt medvetande där man ser allt som en enhet, som ett. Det är en höjning av medvetande.

Det är en självklarhet att allt liv är sammankopplat. Det sker dynamiska interaktioner på så många olika plan; på kvant-, atom-, cellulär-, organism-, planetär- och universell nivå. Man kan stanna på ett plan, titta på det som händer och se att samma gäller och händer på ett annat plan. Sanningen är att allt händer på alla plan samtidigt. Det är bara var man väljer att se ifrån. Man har ju hört uttrycket ”ringar på vattnet”. Man kan likna det med betydelsen av detta uttryck.

En vibration på kvantnivå, vibrerar inom atomen, i människocellen, i kroppen, på jorden och ut i universum. Låt oss inse detta tillsammans. Man kan ta till sig detta och göra det till verklighet. Den värld vi lever i nu behöver detta för att vi ska kunna utvecklas på ett medvetet plan.

Enighet, kärlek och samarbete visar sig gång på gång att vara fördelaktigt. Det är inneboende i naturen. Utan detta är inte livet möjligt. Det hela skulle inte fungera. Det är hög tid att vi belyser detta.

Medkärlek

Göken placerar sitt ägg i rörsångarens bo. Gökens ägg är så likt rörsångarens att den inte kan se skillnad på sitt eget ägg och gökens. Rörsångaren ruvar ägget. När ägget kläckts, uppfostrar rörsångaren göken som om den vore sin egen.

Om göken skulle komma tillbaka till boet efter den har flugit iväg, så skulle rörsångaren helt säkert behandla göken som sitt eget barn. Detta beror på den kopplingen eller relationen rörsångaren gjort med göken den ruvat och uppfostrat.

Man kan likna detta med människor som adopterar barn. I de flesta fall anses barnen och adoptivföräldrarna tillhöra samma familj. Vem som helst kan bli din familj. Är man med någon tillräckligt länge så kan bekantskap gå över till att bli familjär. Man kan likna det med de magnetiska fälten runt jorden. Två som ger och får av varandra. Det handlar om att man turas om att ge och få.

I djungeln kan man stöta på en puma med sin unge. Puman har vassa klor som den kan använda för att skada någon. Det är inte bara överlevnad den har på agendan. Man kan möta djuret med blicken och uppleva att den även har omtanke och kärlek för sin unge. Har den det för sin unge så har den det för resten av universum.

Enighet och medkärlek går ihop. Man agerar med medkärlek för att man också ser den andre som sig själv. Du ser det den andre går igenom och väljer att agera ur medkärlek eftersom det är den du är. Det sanna jaget är enat.

Lejon uppvisar medkärlek. Det har hänt att ett lejon som ser en antilopkalv, inte gör någonting. Eftersom den kanske har egna ungar så är den medveten om att antilopen också är en unge. Detta är en akt av medkärlek.

Ibland händer det i naturen att exempelvis ett djur får tillbaka en fin aktion av ett annat djur. Djuren kan behandla varandra på ett kärleksfullt sätt.

Man har sett djur som tar hand om ett annat djur som inte är dess barn. Det kan vara en i samma sällskap. Det innebär att djuren inte bara tänker på deras avkomma för att skydda sina gener, utan de har förmågan att känna kärlek till andra. Det finns även lejon som tar hand om och uppfostrar en antilop.

Det är inte bara människan som har medkärlek till ett husdjur till exempel. Andra djur har också det till andra.

Snällhet

Vinkarkrabborna har en liten klo och en mycket större klo. Det är så att vinkarkrabbornas stora klo används för att utföra vissa saker som den lilla klon inte klarar av, alltså inte enbart av skrämselsyfte. Den kan användas mekaniskt för att bryta saker eller hålla fast vid saker hårdare.

Tar man ett dopp i havet kan man stöta på svärdfisken. Svärdfisken har en vass svärdliknade utväxt. Det är inte så att den använder det svärdlika utskottet så fort den får tillfälle, vilket många tror, utan det är mer att den finns där om det skulle behövas.

Kungskobran t.ex. har ett gift. Det behöver inte vara i skrämselsyfte. Det kan också vara på så sätt att den uppriktigt inte vill skada den som kommer i närheten. Det kan liknas med att vara snäll men inte låta sig bli utnyttjad eller behandlad på ett skadligt sätt.

Det är ofta så i naturen. Saker verkar vara på ett sätt, men när man undersöker det så ser man att verkligheten är annorlunda.

Skulle djur börja bråka så är det kort, sedan bryts det, de skakar av sig det och går vidare.

Låt oss säga att du går och ser gräsänder med sina ungar korsa vägen. Mamman kan knuffa den lilla ungen så att den hamnar i ledet igen, om den har svårt att hänga med. Det är en akt av snällhet. Vi bör uppmärksamma detta och ha med oss dessa aktioner inom oss, i våra hjärtan.

Om en elefant hamnar efter i ledet så kan mamman knuffa till ungen med snabeln så att elefantungen hamnar i ledet igen. Detta är en akt av medkärlek för ungen och en akt av snällhet. Vi kan med säkerhet säga att djuren har förmåga att känna medkärlek och vara snälla. Stöter man på en elefant så ser man att den har snällhet och medkärlek inom sig.

Har du någon gång haft en god interaktion med djur, växter eller svampar, så gör det till din sanning. Se naturen utifrån det. Belys de vackra och kärleksfulla interaktionerna du har i naturen. Det som händer är att det blir mer utav det. Ju mer intensivt du ser det som en sanning, desto mer sant blir det.

Det kan vara att du och din sköldpadda har en fin utflykt i parken tillsammans. Eller att fiskarna är väldigt lekfulla med dig när du snorklar i havet. Man fortsätter med att lägga vikt vid dessa interaktioner. Till slut blir de en permanent del av dig.

Kommer du nära en nattfjäril kan du uppleva att du och nattfjärilen delar planeten tillsammans. Människan har en del att lära sig från naturen.

Egot

Det händer att naturen luras. Ibland kan någonting uppge sig för att vara på ett sätt men i själva verket är det en illusion. Kungssnoken mimikerar korallormens yttre utseende med starka signalerande färger för att bli förväxlad med korallormen. Detta gör den för att korallormen bär på ett starkt gift. Detta är ett ego som blåser upp sig självt. Den uppger sig för att vara någon fast den inte är det. Omgivningen tror att korallormen bär på giftet fast den inte gör det.

Detta ego som luras och bedrar är inte begränsat till djurriket. Som i det förra exemplet förekommer mimik även bland växter. Vanligtvis belönas pollinationsdjur med nektar av växterna. Finns det ett ego kan blommor mimikera andra blommors form som innehåller nektar. Pollinationsdjuret förväntar sig att blomman innehåller nektar, men det gör den inte. Djuret pollinerar växten ändå, men får ingen belöning. Vad växten får är möjligheten till befruktning och frön.

Egot i sinnet ställer till med det mesta av problemet. Finns det ett ego vistandes i sinnet, så är det ett ständigt tjatter i sinnet. Innehållet är mestadels obetydligt och repeterande. Det hindrar dig att från att utföra ditt syfte. Det sätter käppar i hjulet. Den intalar dig att du inte kan åstadkomma något, att du inte duger.

Världen har sett krig och elände. Just nu står världen inför det största problemet i modern tid, miljöförstöringen. Å ena sidan vill regeringar minska på påverkan på natur, fast ändå tillåter de utsläpp och förstörelse. De har planer på att helt sluta med utsläpp och påverkan på natur. Det måste ske en förändring om människan ska fortsätta vara kvar i denna värld. Vi måste agera nu. Denna värld kan endast nå framgång om det görs medvetet. Den nya människan är en medveten människa. En vaken varelse som känner gemenskap och inkluderar allt och alla i sin omgivning. Med medvetenhet om en själv och sin omgivning kan människan skapa en fantastisk värld.

Det finns djur och växter som parasiterar på andra, dvs. lever på andra. Det är också ett ego i spel. Att sakta ta näring av den andra.

Men den som parasiterar är också beroende av den andra för att leva. Utan värden så får den som parasiterar inte den näringen som är en del av livet. Detta är att inte inse sin potential. Sedan finns det epifyter, de som lever på andra men utan överföring av näring. I den bemärkelsen som att de fysiskt är på den andra. Eftersom solen är källan till allt liv, sitter misteln uppe på ett träd. På så sätt kommer misteln närmare solljuset.

Jordytan består av omkring 70 % vatten. Ändå finns det länder där människor inte har tillgång till rent vatten. Det är ett tecken på att någonting har gått helt snett. Resurserna är inte fördelade jämnt över populationen. Den enda förklaringen till detta är att det finns ett globalt ego.

Du har båda delarna i naturen: det sanna jaget och egot. Egot, djävulen eller Lucifer är desamma. Det är identifikationen med ett ego som är i sinnet eller kroppen du bär på, som skapar en separation till naturen och universum. Det bästa du kan göra är att avidentifiera dig från egot. Man ska inte tro att man är separerad från allt annat.

Ägnar man uppmärksamheten åt självutforskning så kommer man närmare sanningen att det inte går att vara separerad från allt annat. Separationen är falsk. Det är en felaktig bild som egot hävdar. Egot försöker upprätthålla att denna bild av dig stämmer. Den försöker övertyga dig om att den verkligen är du. Det är egot som är orsaken till lidandet. Endast medvetenhet om vem man är och identifikation med det sanna jaget leder till frihet från lidande.

Har ett djur dött så kan vissa djur se till att de äter först och att andra får resterna. Detta är också ett ego i spel. Den har blåst upp sig så stort och anser sig vara bäst. Visar de aggressivitet om andra djur närmar sig, även om de har maten framför sig, så är det en förstärkt bild av ett ego. Det sista egot gör om det inte kan hävda sig, är att destruera.

När man slutar tänka *ni* och *de* så upphör egot. Kan man inte helt sluta tänka ni och de så är det bra om man kan göra det i mindre omfattning. Livet blir mer lekfullt när man inte beskyller andra i omgivningen. Det är lättare att se någon annans ego än att se sitt eget.

Miljöförstöringen är den största utmaning i modern tid. Vi måste lösa det tillsammans. Det går inte att man tror att det där är en landsgräns och vad som händer på den andra sidan får andra sköta. När en ko passerar en nationell gräns så bryr den sig inte. När människan avidentifierar sig med former såsom etnicitet, klaner, olika grupperingar, tränger en sanning fram. Sanningen om att man är enad med andra i omgivningen. Dessa koncept eller ”formkonstrukter” har människan skapat. De fanns inte där när du föddes. Det är en identifikation med form. De begränsar en.

Man kan avidentifiera sig med att vara en människa. Då träder formlösheten fram, som kan identifiera sig med sjöanemonen, pungråttan och björnmossan samtidigt.

Då jämförelse, konkurrens eller tävling upphör upplevs enighet. Det är endast då man kan göra skillnad. Jämförelse eller tävling är en del av egot. Det är två egon mot varandra. Man är så upptagen med ett ego att man inte ser att den framför sig är densamma. När du ser andra som dig själv, alltså jag, så försvinner separationen. Efter ett tag så släpper egot. Det är efter det att man utvecklats på ett medvetet plan. Ett medvetet liv börjar.

Egentligen är det ingen skillnad på ett omedvetet liv och ett medvetet. Det enda är att man är medveten om vad som händer. Det gör också all skillnad.

Att göra nytta genom vetenskap är detsamma som att göra gott genom att utstråla det genom andlighet. Resultatet är att man minskar på lidandet för allt och alla. Båda gör väl.

Det är ett ego som visar att den är mer medveten än någon annan. Om någon som är mer medveten än dig är i din omgivning så kommer du märka det.

Vi är inte här för att enbart njuta och söka njutning i formen utan vi är här för att utvecklas på ett medvetet plan. Så länge formen varar kan man njuta av den.

Potentialen i allt levande

När du tittar på allt liv i universum, ända från mikro- till makronivå, går det inte att prioritera ett liv över ett annat. Allt liv är lika mycket värt.

I Bibeln tar Noa hand om alla djur eftersom allt liv är lika mycket värt. Det spelar ingen roll om det är en struts eller en människa.

En buffel äter av fruktköttet från en persika som fallit ner från trädet. Det smakar sött och gott, detta är meningen. Växter med frukt som smakar sött och gott har gynnats genom evolutionen, eftersom djuren verkar äta dem. Kärnan är anpassad för att klara av att gå igenom mag-tarmkanalen, klara sig förbi pepsinet, den sura magsyrans frätande egenskaper, för att senare komma ut med avföringen. Fast den kommer inte ut på samma plats. På detta sätt kan växten sprida sig till nya områden. Avföringen blir till näring för den växande persikakärnan. Växten är medveten om att genom att producera en god frukt så får den spridning av sin avkomma.

Man kan se det som att buffeln får en belöning i form av ett smakrikt fruktkött, för att sprida kärnan till en plats längre ifrån där den föll ner. Skulle den inte få en belöning och enbart sprida kärnan, så skulle man säga att ett ego är i spel.

Om du inte tar hand om ett barn så kommer du inte ge barnet möjligheter att inse sin fulla potential. Samma sak, om du inte vattnar en växt, ser till att den står ljust, så kommer den inte veta sin potential.

På ett sätt måste man nå den djupaste botten för att kunna se och utveckla sin potential. Vissa ser denna potential från start, att kunna göra något stort och av altruistisk anledning. Vissa kanske möter människor som inte främjar deras potential och drömmar. Det är en gåva när andra stöttar och främjar dig i att realisera din vision.

Jag hittade en växt en gång, när jag satt på min gamla skolgård i Stockholm. Den var lämnad där. När jag tittade i krukan, så låg det skräp i jorden. Jag planterade om den och den växte sig större. Det räckte inte utan jag planterade om den igen i en 50 liters-kruka och tänkte nu har den gott om plats.

Växten hade växt till sig enormt. Efter några år började den må sämre. Den blev mindre och det var endast några blad kvar. Det som hände efter några månader var att den började växa till sig igen. Så den har fått en ny kruka och fortsätter.

Vad man kan säga om detta är att den stod kvar och reste sig efter alla svårigheter den varit med om. Växten insåg sin fulla potential. Växten lever fortfarande.

Potentialen är inom oss. Potentialen finns i växter, djur och svampar. Jag tar det även så långt och säger att potentialen finns i vinden, mineralerna och allt i universum.

Intelligens är en viktig del för att uppnå sin potential. Det gäller att skala av sig alla lager av osanningar man har samlat på sig.

Människor är mobila, dvs. de rör på sig till skillnad från växter. När ett växtfrö sprider sig med exempelvis vinden och hamnar på ett ställe, så måste det vara 100 % säker på att platsen är där det ska vara. Där förankrar sig växten. Ödet är där vinden tar fröet och där växten bestämmer sig för att gro.

I skolan får man lära sig allt möjligt. Skolans uppgift är att framföra ett utbud av kunskapsämnen så att barnet, när det blir vuxet, kan välja det som intresserar mest. Dagens skola ger inte alla möjligheten till ett inre välmående och som resultat väljer många i slutändan ett yrke av fel prioritering. Istället för att välja något som man känner entusiastiskt för så väljer många yrke med pengar som primär anledning. Några av de viktigaste sakerna är att lära om hur man på bästa sätt kan öka sin kreativa förmåga och fantasi. En annan mycket viktig sak att lära sig om är vetskap om hur stor potential varje människa har. Skulle man istället välja ett yrke som man känner *entusiastiskt* för, för att man *kan* och med *service* som intention, så skulle världen må mycket bättre. Att vilja bli känd är delvis ett ego.

Även när det förekommer mobbning av en annan, så behålls vetskapen om potentialen. Det är som att man innerst inne vet vad man är kapabel till, men man tillåter mobbningen ändå. Det kan vara så att vid ett annat tillfälle, kanske senare i livet, lever man denna potential. Då får världen och universum se en skina.

Jag säger inte att mobbning är något att göra, som gynnar andra. Jag pekar endast på potentialen hos alla.

Det kan vara att andra inte gör det enkelt för dig att göra det du gör, dvs. ditt syfte. Du gör det ändå. Jag bara nämner att detta inte har något att göra med potentialen inom dig.

Om man behandlar någon på så sätt att man gör allt för den andra och ger den allt, så finns det en risk att den blir passiv och nästan handikappad. Vi pratade om att ge och få tidigare i boken. Det blir endast en givare och mottagare-relation. Man låter den andra göra det åt en. Detta kan pågå flera år. Det kan finnas de som behandlar andra på ett hårt och strängt sätt. Man kanske blir lämnad för att man ska kunna klara sig själv. Vissa lär ut uttrycket: ensam är stark. Det är detta föräldrar sysslar med. Det är såklart en balans mellan de två.

Vissa har en svår barndom och vissa möter svårigheter senare i livet. Jag fick möta det som vuxen. Jag gick igenom en svår tid av besvär. Det pågick inom mig. Det gick så långt att jag inte kunde se meningen med att vara kvar.

Det jag gjorde var att jag stod kvar på benen och sakta kom jag tillbaka. Det tog tid men det klarnade upp.

Vetenskapsmannen Stephen Hawking visade på att potentialen inte är begränsad till om man fysiskt kan röra sig eller inte. Med hjälpmedel kunde han utföra sitt syfte.

Det är riktigt bra med återvinning av material. Människor sorterar saker som plast och metall i hemmet. Det är dessa aktioner som förändrar världen. Vissa påstår att vad gör det för skillnad om jag gör det, vi är ju miljarder människor? Det börjar med dig. Prova att ge, det tillfredsställer. Naturen tackar dig på sitt sätt. Det kan vara på sätt som du inte anat. Du kanske pratar om sortering och återvinning i hemmet hemma hos en vän eller någon ser dig på väg till återvinningsrummet. Någon kanske kommer hem till dig och ser att du återvinner. Detta kan sätta igång en kaskadeffekt. Du är ju det sanna jaget i allt liv. Det är bara ett sant jag. Det gäller att inte förbise det. Det skulle vara en enorm effekt på miljön om alla på planeten källsorterar i hemmet. De som har ett hem, såklart.

Att klanka ner på dig själv gör att du står och stampar på en och samma plats. Det är som att ha ett förstoringsglas i handen. Det som du riktar det på och tittar på blir större. Du väljer vad du riktar förstoringen på. Låt oss säga att någon sa en kommentar till dig. En kommentar som du inte direkt gillar. Istället för att förstora det så kan du välja att rikta din energi på något annat. Det kan vara det som du gillar hos den som sa det. Om du är riktigt utvecklad på ett medvetet plan kan du även visa den andra det du tycker om den andra, som inte den ser själv.

Det här exemplet kan appliceras på allt. Låt oss säga att du ser att du är analytisk, men samtidigt är det någon som säger något som du inte tycker om. Vilket lägger du vikt vid? Du kan ta det som den andra säger som en bagatell. Det fäster inte ens på dig. Det rinner av. Eller så gör du inte det. Kom ihåg exemplet med förstoringsglaset. Vad är det du vill? Se till att lägga vikt vid det.

Det spelar ingen roll vilken situation du är i, potentialen är inom dig. Säg att du har haft svårigheter i livet, vilket har gjort att du kommit bort från potentialen inom dig.

Lever man ett liv på jorden kommer man förr eller senare mötas av lidande. Potentialen är alltid där. Det gäller att inse det.

Vissa kanske jobbar på ett jobb de inte trivs med. Energin man sprider säger att man inte vill vara där. Det kan förekomma irritation, vrede och negativitet på arbetsplatsen, som resultat av att man inte gör det man tycker om. Man mår inte som bäst när man går emot sig själv på det här sättet. Det kan även sätta sig i kroppen, att man blir sjuk. Många människor gör detta en längre tid.

När du väljer arbete kan du inte riktigt klaga på någon annan för att du inte trivs. Man väljer att göra det man gör. Det går alltid att ändra riktning.

Om man skulle leva sin potential fullt ut, dvs göra det man tycker är roligt, så skulle man sprida en så fin och positiv energi omkring sig. Världen skulle må bättre. Du har som mest roligt när du gör det du tycker om. Människor tittar på dig och ser att det är en möjlighet att göra så.

Vare sig du blir en spirituell lärare, vetenskapsman eller både och, så kan du åstadkomma något stort. Det går även att göra det genom poesi.

Vissa har ett hus eller hem i sin vision. Man kanske bor hos föräldrar, eller är inneboende, och drömmer om att bo själv. Det är helt ok. Man håller kvar vid visionen tills det blir av. Det går att visualisera och manifestera allt. Vissa ser sig själva ha en vän att dela livet med, en partner eller ett husdjur. Man kanske ser sig själv resa. Du kan applicera detta på allt.

Hur ska universum veta sanningen om det du har inom dig om inte du själv visualiserar det? Till en början är det en idé eller vision inom dig. När du ser det, så ser andra det också.

Man bör vara tydlig och detaljerad, om man nu så vill, med vad det är man ska göra i livet. Använd fantasin. Beskriv för dig själv hur din dröm ser ut. Du kan skriva ner det.

Agera samlad och lugn fast ändå bestämd och medveten om målet. Man kan säga icke forcerad aktion.

Du behöver inte försöka övertala andra, det kanske inte är dags för dem att se det du ser. När det är dags och världen är redo så sker det du ska göra naturligt. Jag säger inte att du ska låta andra driva med dig, du kan ändå få igenom syftet utan forcering. Forcering får motsatt effekt. Istället för att andra går med på det så leder det till motstånd. Ur ett energiskt perspektiv är forcering lika med motstånd. Man kan samtala och på så sätt förmedla idén. Du kommer längre ifrån syftet ju mer du forcerar det på omgivningen.

Ihärdighet behövs för att få igenom det man ska göra, sitt syfte. Det är endast då man får igenom det man ser inom sig. Man kan också ta till sig det som Albert Einstien säger: "It´s not that I am smart, It´s just that I stay with problems longer".

Ens potential på jorden är riktigt stor. Se till att din del, det du bidrar med, ditt syfte, är i enighet med ditt sanna jag och med vad världen behöver.

Det finns alltid en väg att gå. Skulle det inte fungera på ett sätt så kan du börja på ett annat sätt.

Vissa vägar testar man, sedan kanske man avbryter och vänder efter ett tag. Intuitionen spelar roll här.

Många gör någonting i vardagen bara för göras skull, utan så mycket eftertanke på vad det är man gör. Man mår så mycket bättre när man gör det man tycker om. Är man kopplad med intuitionen inombords så är man inte helt ute och cyklar.

När man märker framsteg i det man sysslar med så blir man mer angelägen att fortsätta. Det ger en genuin tillfredsställelse att få utföra sitt syfte. Andra i din omgivning mår bra av att se dig göra det du tycker om. Denna energi du sprider har effekt på andra i omgivningen. Andra märker av det. Du blir sedan ett exempel för vad som är möjligt.

Potentialen, vad man kan åstadkomma är enorm. Låt dig fantisera bl.a. i grad och magnitud. Allt är möjligt. Fantisera att du av service ger utav dig själv. Det är egentligen du själv som sätter stopp för det du drömmer om att göra. Det kan vara att du börjar någonstans. Varje liten aktion i den riktningen du visualiserar, är framsteg.

När man arbetat med sig själv, fördjupas man ytterligare i den visionen. Man kan välja att rikta det till en annan dimension. Här kan man också fördjupa sig ytterligare. Man gör ett inre arbete tills det blir tydligare. Hur stort kan du drömma? När man ser sin idé eller vision bli så tydlig som möjligt, så börjar den manifestera sig. Det handlar om grader av manifestation i formen. Ju tydligare du och din omgivning ser detta, desto mer sant blir det. Ditt syfte kan förändras och du finner dig själv ändra eller modifiera på vägen. Vägen indikerar att det finns ett förlopp eller en tid. Sanningen är att det inte finns någon tid såsom klockan vi uppfunnit. Så ju tydligare du ser det du ska göra i nuet, desto snabbare manifesterar det sig. Ser du det fullt ut i nuet, så händer det direkt. När man bestämt hur man ska ha sin vision så händer det.

Framtiden har inte hänt ännu. Man kan inte säga så mycket om framtiden. Man bör inte stanna för länge i det förflutna. Varken det förflutna eller framtiden existerar. Det är endast i nuet livet händer. För varje gång man får upp något förflutet, så skapas det i nuet. Minnet är inte likadant varje gång du minns det, utan skapas på nytt. Kom tillbaka till nuet.

Märker du att ett minne dyker upp, kom tillbaka till nuet. Planerar du för mycket, kom tillbaka till nuet.

Du märker att det vecklar ut sig för att du ska göra ditt syfte. Du träffar andra som främjar dig i det du gör. Man träffas av en anledning och de upplever det som att de är där för att hjälpa dig. Det kan vara att du träffar en som berättar om en öppning för en tjänst där hon/han jobbar. Det hela kommer i absolut rätt tillfälle, eftersom det är i linje med ditt syfte.

När det börjar veckla ut sig och du får reda på ditt syfte i livet, så är det så självklart, att det är just du som ska göra det. Det är som att allt har lett upp till nu. När du utför ditt syfte kommer det med en behaglighet och allt säger att det är här du ska vara.

Ibland kommer det andra tillfällen. Agerar man inte när det är dags för det, så kanske tillfället inte är kvar.

Att vilja att syftet ska manifestera sig gör att det inte går. Det kommer leda till motsatsen. Ingen forcering kommer att göra så att din dröm går i uppfyllelse.

Du agerar, men du behöver inte forcera, eller tillföra någon extra aktion till det du gör. Det är när du inte vill ha det som du får det.

Samtidigt, om du inte vill ha ditt syfte så vet inte universum vad du vill. När världen är redo så händer det att idén eller drömmen blir sann. Ger du upp så ger du upp alla möjligheter att realisera idén eller visionen.

Då man inte vet sitt syfte går man runt och stöter på massa saker. Man testar olika saker, fast inget passar. Det är inte någon behaglig upplevelse. Det är en slags död. Det är att inte leva livet fullt ut. Det är endast då man utvecklas medvetet som syftet gradvis visar sig. Det man ska göra skiljer sig från en annans syfte. Det är specifikt. Det är endast du som kan utföra ditt syfte. Du har levt ett liv som lett till där du är och du kommer att ha nytta av det du läst eller gjort. På ett sätt är det samma syfte som allt liv, dvs. att höja medvetenheten. Livet och ditt syfte är ihopkopplade.

Medvetna människor har genom vetenskap förändrat världen. Det är de som gjort en stor sak på denna planet.

Den effekten deras arbete har haft är vacker. Det har börjat med en idé inom dem som har varit sann för dem, som de senare har visat för andra och realiserat i världen. Du kan vara ett exempel på vad som är möjligt för andra.

Vetenskapsmän kan också träffa en partner som de utför sitt syfte med. Det kan vara en gemensam forskning man har ihop.

Det medvetna vetenskapsmän och kvinnor gjort på jorden kan vara så enormt gottgörande att det förändrar hur människan ser på universum. Nyfikenhet på naturen kommer alltid att finnas. Fantasin möjliggör att man kan uppnå vad som helst. Människan har gjort förödande saker. Hitler är en som gjort så destruktiva saker. Det finns lärdomar att hämta från de krig som varit. Att människan lär sig att inte agera utifrån ett ego. Det gäller att belysa det som är vackert och gott på denna planet. Det är bara då det realiseras.

Det finns mikroorganismer som heter arkéer. Det är en helt egen förgrening av encelliga organismer och utgör en väldigt stor del. Vetenskapen har inte utforskat arkéerna så mycket.

Anledningen är att det inte ger människan något att forska på dessa liv. Istället för att tänka vad kan vi få av detta så måste människan börja tänka hur kan vi bidra med service.

Då ena sidan av en ekvation är densamma som den andra sidan kan man säga att innehållet på ena sidan av lika med-tecknet är ekvivalent med innehållet på andra sidan. På samma sätt finns ekvivalens, eller att vara detsamma som, inom oss. En medveten varelse har blivit visad sanningen om det sanna jaget av andra spirituella lärare. Eftersom det endast är *ett* sant jag, så är man densamma som sin lärare. I Indien skulle man säga guru. Det kan vara väldigt långa ekvationer. På samma sätt går det att vara mångfaldig inom sig.

När du röstar lämnar du över makten till någon annan eller andra. Makten är i dina händer. När du inser att du har alla verktygen att skapa ett fullständigt och fantastiskt liv, så sätter du igång och följer det medvetna sättet att leva. Du har allt du behöver inom dig.

Biodiversitet borde vara högst upp på alla regeringars agenda. Innan man väljer att påbörja ett projekt vare sig det är nationellt eller internationellt så bör man inkludera och bevara biodiversiteten. Det är en ständig felprioritering som har lett människan dit där den är idag. Man kan samsas och froda. Med man menar jag allt i hela naturen.

Inom medicinsk forskning kan man använda sig utav placebo. Om man vill testa om en medicin fungerar så ger man testpersonerna antingen placebo eller medicinen. Placebo är sockerpiller, dvs. innehåller socker. Testpersonerna vet inte vilket av pillren de får. Ibland vet inte läkarna vilka piller de delar ut till testpersonerna.

Det visar sig att i många fall reagerar testpersonerna som fått sockerpillren lika bra som de som fått medicinen. I vissa fall reagerar de t.o.m. bättre. Vetenskapen visar på att det finns en placeboeffekt.

Man bör lägga enorm vikt vid att undersöka potentialen av placebo. Möjligheterna är oändliga. Samma effekt går att se när idrottare springer ett lopp, fast enbart i huvudet.

De blundar och har elektroder kopplade till sig som känner av aktivitet i kroppen. Man ser att samma områden i hjärnan aktiveras som om de springer loppet ute på banan. Det går inte att urskilja de två. De upplevs lika. Det är som att båda händer. Det gör de också.

Ett annat exempel på sinnets verkan är vid falsk kirurgi. Människor med knäbesvär opereras i knäna och en tredjedel av dem upplever att de blir bättre efter operationen. Sedan utför läkarna falska operationer på andra människor. De människorna får några sprutor i knäna och får titta på en inspelad knäoperation på monitorn framför sig. Läkarna simulerar även med att skvätta vatten på området för effekt. Efteråt upplever en tredjedel av människorna att de blivit bättre av den falska operationen. Detta visar starkt på vilken potential man har inom sig.

Motsatsen till placebo är nocebo. Det är när det inte finns något sjukdomstillstånd men att man skapar det. Det går såklart att förvärra ett tillstånd genom att älta saker, som t.ex. sjukdom.

Läkare har i tusentals år använt sig av metoder och verktyg för att läka människor. Ett läkande kan också vara en återställning på ett inre plan. När den medicinska läkaren kanske opererar eller använder sig av substanser för att återställa patienten till ett friskt stadium, sker även en läkning på ett energiskt plan. Det finns en friskhetsenergi. När denna energi befinner sig i kroppen kan inga sjukdomar befinna sig där samtidigt.

Ett bevis på att det finns en friskhetsenergi är psykologi. Med samtal och metoder läker psykologen eller psykiatrikern patienten. Om inga läkemedel är inblandade kan man dra slutsatsen att verkan har uppnåtts på ett vibrationsplan. Så klart förändras det också i hjärnan, då det uppstår nya kopplingar mellan nervceller i hjärnan.

Sinnet skapar alla psykologiska sjukdomar. Samtidigt går det att bli frisk genom att initiera en tanke att vara frisk. Detta kan liknas med exemplet om att ändra energin i rummet, som vi tog upp tidigare i boken.

Om sinnet kommer upp med en idé om sjukdom, det kan vara att man förstärker en diagnos, så kan man istället skapa ett scenario där man är frisk. Man kan skapa ett tillstånd där man kontrar med en annan energi, en friskhetsenergi. Sätt dig in i den energin, var den och upplev den. Ibland krävs det att man kontrar med en väldigt stark vibration. Det kan också vara så att omgivningen tror att det är på ett visst sätt och detta påverkar dig. Jag menar att omgivningen kan projicera trosuppfattningar på dig. Får du upp en tanke som säger annat så håll kvar vid att vara i den energin, och att vara energin själv. Istället för att lägga vikt på vad du inte vill ha så lägg vikt på hur det ska vara. Det lustiga är att universum vet inte skillnaden på om denna tanke är sann eller inte. Det spelar ingen roll, det blir resultat ändå.

En gång var jag förkyld och kände mig inte bra när jag var på en utomlandsresa. Det var då det här med spiritualitet hade introducerats för mig. Jag testade att göra på ett sätt, egentligen kom det också av sig själv. Jag började storskratta. Anledningen var okänd. Jag bara skrattade och skrattade intensivt. Jag märkte hur sjukdomen försvann i takt med skrattet.

Det hela pågick i typ 40 minuter och när jag var klar så var förkylningen borta. Jag var frisk. Inom vissa traditioner såsom inom hinduismen finns en förgrening av yoga som heter skrattyoga.

Inom vetenskap finns exempelvis ämnen som kemi, fysik och biologi. Vetenskapsmän inom olika fält kan prata om resultaten i deras forskning med vetenskapsmän inom andra fält och förstå varandra. Ämnena flyter ihop. Precis som det finns en rad olika fält inom vetenskapen så finns det olika religioner. Religionerna pratar om samma sak. Människor inom varje religion vet i grund och botten att alla religioner vill samma sak.

Teknologin har underlättat livet för människan. Det finns även så mycket tillgängligt på jorden som människan skapat som gör livet för människan väldigt bekvämt. Människan har ägnat mycket uppmärksamhet och tid åt att fixa och ordna allt på utsidan och glömt bort att titta in i sitt inre. Det är hög tid att vända uppmärksamheten inåt och undersöka vad som finns i det inre universumet. Att inse sitt sanna

Jag borde vara av högsta prioritet för varje varelse. Skulle alla varelser prioritera detta så skulle man i nuläget kunna leva i ett paradis på jorden.

Vetenskap och andlighet är en och samma. Beroende av vilken synvinkel man tittar ur får man samma svar. Det inre och det yttre universumet är detsamma. Det finns ingen barriär mellan inre och yttre. Det ena studerar formen och det andra formlösheten.

En intressant aspekt på det här med form och formlöshet är det mikrokosmiska. I en atom finns mer tomrum än vad det finns fast materia. Skulle man dra ut atomen på en yta lika stor som en fotbollsplan, så skulle atomkärnan vara i mitten av planen och elektronerna vid målen. Det som är emellan atomkärnan och elektronerna är tomrum.

Många tror att vetenskapen har utforskat allt och att det inte finns något mer att forska om, men så är det inte. Att man kan allt om hur universum funkar. Det är mysteriet som för livet framåt. Det är sökandet efter svaret på vem man egentligen är som för det hela framåt.

Det är endast *en* sanning om det inre och det yttre universumet.

Det är ett medvetande som genomgår allt i naturen. Vetenskapen forskar på materian för att förstå naturen och universum. Men när det kommer till medvetandet så går det inte att förstå om man utgår från materian.

Träffar du en som inte är lika medveten som du så kan du lära och visa den andra.

Naturen går inte att greppa, ta på eller konceptualisera. Den bara är. Det är endast i varandet som man kan uppleva naturen och förstå vad som finns inom materian.

Fridfullhet

Den som gått i naturen vet att det finns en fridfullhet i naturen. Denna fridfullhet är inte enbart hos lingonbuskarna, skinnbaggarna eller i bergsmineralerna. Den är en inneboende del hos allt liv.

Nu är det många som säkert tänker: Är bergsmineraler verkligen inräknade i liv? När man går ned på den minsta möjliga nivån av liv så visar vetenskapen att det är vibration, energi. Detta går inte att se med ögonen men man har visat på att det finns. Denna energi finns i allt i hela universum, inklusive bergsmineralerna.

Fridfullhet är möjlig. För att komma till freds inom sig måste man avidentifiera sig med ett ego som är i sinnet. Sinnet stillas från tjattret. Får man frid inom sig ser man även frid i sin omgivning. Det finns en stillhet i naturen. I denna stillhet är fridfullhet möjlig. Det går att sammanföras med denna stillhet. Ju mer stillsam man är, desto mer kann man uppleva stillsamhet i naturen. Denna stillsamhet finns i hela universum.

Glädje

Det går att se en makak leka med en ekorre. Det händer att ekorren sitter på ryggen på makaken och de klättrar på grenarna i skogen. De agerar lekfullt med varandra. De har entusiasm i deras interaktioner. De ser ut att ha roligt. Det händer det med.

Man kan se glädjefyllda interaktioner mellan en råtta och en sköldpadda. Det går även att se hos en elefant och en giraff. Det händer att en skalbagge visar glädje för en fjäril och vice versa. Man bör också lysa på det lyckliga samspelet som finns i naturen. Det är inte bara det där råa och vilda i naturen. Det finns också en lätthet till interaktionerna. Denna glädje och lätthet har också visat sig vara fördelaktig för livet i naturen. Att agera med lätthet och glädje för att komma överens, leder till många fördelaktiga samarbeten i naturen.

En schimpans som ler och skrattar sprider glädje. Den sprider glädje inte bara till Homo sapiens utan även till andra djur i omgivningen. Det smittar av sig på människan och människan skrattar.

Vissa kanske hävdar att den är så nära besläktad med oss att det är just därför den skrattar. Eller att den har en synlig mun och att man ser på munnen och på ansiktsuttrycket att den skrattar. Andra kanske hävdar att de måste ha en mun för att ens skratta. Vad säger att en hamster inte skrattar? Vad säger att en myra eller en bakterie inte skrattar? Vissa kanske också hävdar att man behöver olika områden av hjärnan för att skratta. Har ni någonsin suttit någonstans, låt oss säga i ett klassrum eller i en konversation, och skrattat inombords? Då har du denna inneboende förmågan och du är besläktad med allt liv i universum.

Beroende på din intention när du möter annat i naturen kommer responsen vara annorlunda. Ha en glädjefull intention.

Salighet

I varandet går det att uppleva salighet. När man bara kan vara utan att blanda sig i, med en kommentar eller ett inlägg, då kommer salighet. Börjar man värdera eller döma det som endast är, så kan salighet inte upplevas. Det går inte att begära salighet. Visst, man kan begära det, men då realiserar man inte det. Varandet går endast att förmedlas genom att vara. De flesta i naturen lever på detta sätt. Djuren, växterna och svamparna bara *är*. Det råder en acceptans av vad som är. Då är de också mer i nuet. Saligheten går att uppleva i naturen. Den är inneboende i allt levande.

I salighet är man enad med alla och allt i sin omgivning. När du upplever och utstrålar salighet finns ingen separat andra.

Saligheten blir beständig när man tydligt ser sanningen om universum och vem man är.

Extas

Naturen är fylld med extas. Extas är också inneboende i allt i naturen och universum. Det går inte att vilja ha. Det kommer bara. Har man grott medvetandet så är man med om extatiska upplevelser. Upplysning är ingenting man konceptualiserar. När man släpper strävan efter slutet på lidandet kan upplysning nås. Alla dessa; fridfullhet; glädje; salighet och extas hör ihop. Man kan också prata om dem var för sig.

Det är när man ger utan att vilja ha något tillbaka som extas kan upplevas.

Vissa kan uppleva extas i små doser då och då. Ju mer utvecklad man är medvetet så kan dessa korta stunder växa och bli permanent. Det är en möjlighet. Det är inte alla som kommer dit, men om man gör det så är det utmärkt. Vissa nöjer sig med en viss medvetandenivå och stannar.

Här gäller det som salighet att det är genom varandet man kan uppleva extas. Extasen kommer i samband med en fördjupning i varandet.

Alltså när man upplever extas så *är* man mycket mer. Extas förmedlas också mellan varandra i naturen. När vargungar leker med varandra kan det synas i leken.

Extatiska upplevelser kommer när man ger av sig själv och det kommer tillbaka av det man ger. Man ger utan att man kräver något tillbaka. Man ger och får. Det handlar inte om att ge och ta. Märker ni skillnaden? Ge och få är inte samma sak som ge och ta. Till slut får man tillbaka det man ger.

Många kopplar ihop extas med den sexuella orgasmen. Visst kan det vara så, men detta är i form och formen varar inte för alltid. Att vilja ha eller dra till sig formen av en annan (en annans kropp i det här fallet) är ett begär eller ego i grunden. Det kan också utvecklas till ett beroende.

Skönhet, inte nödvändigtvis i form

En del av denna boks syfte är att framföra att skönhet inte bara är i formen. Eftersom formen förändras hela tiden. Visst, så länge formen varar så kan man betrakta och njuta av den. Skulle du lägga ett A4-papper på ett bord i tusentals år så skulle det inte se likadat ut efter tusentals år. Atomerna har en halveringstid. Materian är inte densamma.

Boken verkligen betonar att skönhet också är i sättet man lever på.

Skönheten i naturen är även en faktor när djur väljer partner. När hanfåglar dansar för att få en partner, kan det ses som att fåglarna konkurrerar med varandra. De är oftast färgglada för att fånga honans uppmärksamhet. Det behöver inte enbart vara det som vi ser, dvs dansen eller färgerna som får honan att bestämma sig. Det råder även en kommunikation bortom eller innanför formen. Formen kommer inte vara kvar en dag. Det yttre utseendet förändras och åldras.

Det som finns kvar är den inre skönheten. Den är inom form och inte formbaserad. Den är formlös.

Den formlösa skönheten är också sättet djur, växter och svampar lever på.

Djuren kanske umgås med vänner. De kanske har familj. Om vänskap kan uppstå mellan en hund och en människa, så är det helt säkert att vänskap kan uppstå mellan människan och andra varelser i naturen. Prova så får du snart reda på att du har mer gemensamt än vad du tror med liv i naturen. Om ett lejon är hungrigt, ska man nog inte gå dit.

Vissa föredrar att ha en partner i livet. Det kan vara ett vackert sätt att leva på. Partnern kan vara av motsatt kön. Vissa väljer samma kön eller ingen partner alls. Andra väljer flera partners. Det finns alla möjliga variationer på det här med kön. Jag betonar att det är sättet att leva på och inte nödvändigtvis formen.

Attraktionen till en annan form kan finnas. Passion för en annan är en befästning till form. Jag säger inte att det är något fel med det, men man bör se att det är det.

Skulle det inte vara en njutning så skulle man inte ingå den sexuella akten. Men sedan när man fått avkomma så har inte sex något annat syfte än njutning. En pojkvän-flickvän-relation är en sexuell relation, om man inte har barn tillsammans, då har man ett annat syfte. Den sexuella akten kan försvinna. Det kan då finnas en inre sexuell energi kvar fast utan någon aktion. Det kan vidare övergå till att kvarvarande spår också försvinner.

När man är på jorden kan det vara en upplevelse att spendera livet med en av motsatt kön. Man får vara uppmärksam på att inte befästa sig till den andra. Man kan vara med varandra utan att ha ett begär efter den andra. Finns det medvetenhet hos de båda, kan en pojkvän-flickvän relation övergå till att man blir varandras livspartners. Man kan dela livet med en livspartner. Man gör det man tycker är roligt. Eftersom syftet är detsamma för allt liv, dvs att höja medvetandet, så kan man utföra ett syfte tillsammans. Ens livs syfte kan gå ihop med en annans syfte. Man uttrycker det på sitt sätt, men livs syftet är detsamma. Har man ett barn så är syftet delaktighet med barnet. Vissa väljer att ha barn men att inte vara så mycket delaktiga med barnet.

Skönhet kan vara att ha en vän. Det är vackert att se vänner umgås med varandra. Andra ser det när man umgås med vänner. Kompiskretsar kan bli stora och vänners vänner kan bli dina vänner.

Är man för befäst vid formen så lider man. Det gäller att vara i form och släppa taget om form samtidigt, för att leva ett fullt liv.

En liknelse till detta med skönheten i form och formlöshet är passionsblommans blomning. Blomman är enastående vacker. Den skyltar med färger och arrangemang. Men blomman är endast öppen runt en dag. Den stänger sig efter det. En dag kan också ses som ett liv.

Det talas om obeständighet av saker inom buddismen. Saker och ting, dvs. det som är en form eller materia, precis som blommans yttre utseende, varar inte för alltid.

Din förmåga att se skönhet. När man ser skönheten i sin omgivning så ökar den också hos allt levande. Inte på så sätt att det smittar av sig men mer som att det förstärks eller gror. Ser man den hos andra så betyder det att man har den inom sig.

Om man bryr sig mycket om hur man ser ut på utsidan så är man inte identifierad med formlös skönhet. Kläder kan vara en sådan sak. Det är också materia eller form. Formlös skönhet finns i allt och inom dig.

En fluga kan bli din vän. Jag har lekt flera dagar med flugor som kommit in i lägenheten jag bor i. De är väldigt lekfulla och intresserade. Man kan leka genom att springa efter varandra.

Jag skulle kunna säga att anledningen till att växter växer sig långa för att nå över trädkronorna, är att de konkurrerar med andra om solljus. Istället bör uppmärksamheten läggas på att naturen är fylld med växter som delar jordytan med andra växter och lever i samlevnad. Vi bör lyfta denna syn på naturen tillsammans.

Det är först när tävling eller konkurrens slutar som man blir mer medveten om livet. När tävling och jämförelse slutar kan även förståelse för andra varelser i naturen uppstå. En mer vänskaplig relation till livet börjar anta sig. Livet blir mer avslappnat och lekfullt. Egentligen finns inte konkurrens i naturen. Det är ett ego.

Färger kan ibland vara som signaler i naturen. Pilgiftsgrodan är ett exempel på detta. Dess gula och svarta färg signalerar till omgivningen att den bär på ett gift. Ett gift som verkar nervavslappnande. Här är också ett exempel. Den har inte detta av skrämselsyfte. Det är mer att den säger det till omgivningen. Omgivningen vet om att den bär på giftet och möter den med vetskapen om detta.

När snön faller på vintern. Om ni har möjligheten att uppleva det så är det underbart. Skulle du titta närmare på snöflingorna så ser man något vackert. Det är kristalliserat vatten i geometriska mönster. Det är olika kristallmönster. Vissa ser ut som stjärnor.

Det finns skönhet i naturen. Vissa fåglar utför danser för att locka till sig en partner. Det är inte bara den yttre skönheten som har betydelse för val av partner utan även en inre skönhet. Vissa fåglar ordnar ett bo med arrangemang och färger. Detta visar på ett sätt som denna fågel är villig att leva på och en inre skönhet. Den ger en signal till den andra fågeln vad den är kapabel till. Den ger också intrycket att den har orken att utföra det som krävs, när det kommer till att skaffa avkomma.

Det är inte enbart den yttre skönheten som lockar utan även den inre. Den förmedlar: – Om du väljer mig så får du allt det här.

Det är inte alltid frid och fröjd i naturen. Jag säger inte att man ska blunda för det som sker, men att man inte alltid måste ha med när djur äter djur i naturfilmerna som ni skapar. Jag försöker visa på en annan sida.

Skönhet kan också vara det du gör för andra. Vissa medvetna vetenskapsmän har gjort något stort på denna planet. Som vetenskapsman går det att bli känd, men man ska vara försiktig med att inte eftersträva kändisskap helt och hållet.

Effekten deras arbete har haft är vackert. Det har börjat med en vacker idé, som de delat med världen. Man kan se denna inre, permanenta skönhet, utstråla från varelser i omgivningen. Denna formlösa skönhet finns i allt. Den skönheten som inte är materiabaserad, är essentiell för liv.

Det kan vara en liten akt som t.ex. att öppna och hålla upp dörren för någon. Aktionen visar på skönhet.

Även detta har effekt. Man märker att omgivningen börjar bete sig på så sätt tillbaka till dig. Det behöver inte alltid komma tillbaka från just den man givit till, men det kommer tillbaka. Det kan komma när man minst anar det.

Man kan då ställa frågan: Hur kan man få? Det finns bara ett sätt och det är att ge till andra. Man får av att ge. Man behöver inte tänka i banorna: – Jag har gjort så mycket för andra, men jag får inget tillbaka. Eller: – Varför får hon och inte jag? Det genererar inte något för dig eller andra. Vissa blir så uppspelta i detta att man tar ut det på andra.

Det naturvetenskapliga nuet

I cellen går det att hitta enzymer. Enzymer är proteiner och det finns många olika enzymer i cellen. Enzymer påskyndar processer i kroppen. En process som vanligtvis skulle ta en viss tid påskyndas alltså av enzymer. Hur kan en process som vanligtvis tar en viss tid påskyndas? Den enda förklaringen är att tid inte existerar. Egentligen finns bara nu. Allting händer i *nuet*.

Enzymer påskyndar processer i kroppen. När de gör det så måste man också åldras samtidigt.

Låt oss undersöka detta mer. Klockan, som exempelvis den man har på armen eller väggen, är en mänsklig uppfinning. Hur kan något som en materiell mänsklig uppfinning bestämma en kroppsligt relaterad process?

Rör man vid en varm spisplatta så drar man tillbaka handen innan det blir för varmt. Du ser först med perceptionen att du har handen på en varm platta. Sedan känner du av temperaturen i fingrarna. Efter det går en signal till hjärnan att det är varmt.

Signalen kopplas om i hjärnan till det motoriska centret ansvarigt för att röra handen. Signalen skickas tillbaka till handen och du tar bort handen från plattan. Allt detta händer oerhört snabbt, du hinner knappt märka det. Upplever du ett förlopp eller händer det direkt?

Går vi in djupare i vad som händer så måste varje cell öppna och stänga Na/K-pumpar för att skicka signalen mellan hjärnan och handen. Varje cell måste göra det och i båda riktningarna.

Vi må ha en cellklocka som säger att det är dags för vissa processer såsom att skapa kopior av DNA, förberedelse för celldelning och celldelningen i sig. Dessa processer händer, men de följer inte samma tid som klockan.

Vissa mikroskopieringstekniker kan användas för att se cellen utföra vissa processer live. Fast det är när man isolerat celler från kroppen. Skulle man kunna monitorera enzymer i celler hos en levande människa, så kanske man skulle få ett annat resultat.

Dagen eller ljuset har en påverkan på kroppen och cellerna.

Det händer saker i kroppen när det är dag och när det är natt. Man producerar olika ämnen på natten respektive på dagen. På natten eller när man sover produceras ämnen som melatonin som är inblandat i sömn. På dagen har ljus inverkan på produktion av D-vitamin.

Det finns en indelning inom växtriket som heter CAM-växter. Dessa växter tar upp CO_2 på natten och utför vissa processer på natten. Även här spelar ljuset och avsaknaden av ljus roll.

Rösten i huvudet som människor hör är inte så stark hos djuren och livet i naturen. Det är inte en urskiljbar röst. Rösten kan vara negativ. Den kan också komma med bra förslag. Välj att gå vidare med de förslag som du tycker är bra.

När du kan se dig själv tänka och känna så är det medvetandet som blir medvetet om sig självt. Den som ser detta inom dig är du. När du väl blivit medveten så går det inte att gå tillbaka och få det ogjort.

Utvecklingen av globalt medvetande

Global medvetenhet

Planeten är full av liv. Det är en oerhört stor mångfald av arter som finns på planeten. Vart man än tittar ser man liv. Man kanske behöver ett mikroskop för att se liv på vissa platser, men det finns. Det finns områden på jorden som ingen har varit på. I de djupa haven är det inte mycket utforskat. Det kan finnas oerhört många nya arter. Alla varelser på planeten lever och är lika prioriterade. Vare sig du ser en tvestjärt, penicillum svamp eller bofink, så lever de precis som du.

Människan har börjat bli medveten om ekologin och hur vi hör ihop med alltet. Ju mer medveten du blir om dig själv och din omgivning, desto mer ser du sammankopplingen och enigheten i allt liv. Medvetenhet är det enda sättet att gå framåt i denna värld. Moder jord är ditt hem, hur kan du skräpa ner i ditt hem? Är ditt hem rent men du slänger skräp ute, är det hyckleri. För det är där du kommer ifrån, från naturen.

Det är ditt hem. Hur du än vänder och vrider på det så kan du inte säga att du inte är en del av det hela. Du föddes av en mamma som också är från naturen. Det börjar växa fram en global medvetenhet. Vi är inte längre isolerade öar som var för sig lever ”sitt” liv. Man är liv precis som allt annat. Om man är liv precis som allt annat, så måste allt liv vara lika mycket prioriterat. Vetenskapen pekar ständigt på interkonnektivitet i naturen och människan börjar vakna upp till ett synsätt som inkluderar allt i omgivningen.

Biodiversitet är också dina vänner och bekanta. Du hör till i naturen och är en del av den.

Är det inte trevligt att ha en skogspromenad att ta då och då? Det vore också trevligt att det finns liv i skogen. Tittar du på en tall som växer, kan det mycket möjligt vara så att den har stått där i 9 550 år. Låt oss bevara den mångfald som finns.

Det kom in ett frö hemma i lägenheten på Södermalm i Stockholm, Sverige. Det kom in genom fönstret. Det började växa i en kruka med en planterad växt. Till det yttre utseendet såg växten ut som den planterade växten.

Sättet växten sprider sina frön på är genom sprängning av fruktkapseln den har. Fruktkapseln sprängs och ut åker fröna åt alla håll. Det medför att frön hamnar, typ överallt. Har man denna växt hemma och den får mogen frukt, så växer denna växt i vissa om inte alla krukor i närheten. På det här sättet kan livet vara.

Ekologisk forskning har studerat ekosystem och hur sammanvävt och dynamiskt det kan vara på en mindre skala. Massvis med arter interagerar och påverkar varandra i en bit skog. Detta är sett ur en skala och jorden är sedd ur det större perspektivet. Samma gäller där, att kopplingen mellan varelser finns och alla interagerar. Om man ökar vad man ser som liv, dvs att man expanderar från att enbart exempelvis ha sin vän, sin katt och sin förälder som liv, till hela universum så löser vi miljöfrågan. Inte bara det utan vi kan leva ett underbart liv. Varje steg i den riktningen bringar framgång. Framgång må också inkludera bl.a. pengar. Det händer när man väljer medvetenhet över effektivitet, produktivitet och vinst.

Ibland när det kommer in ett djur i någons lägenhet, så vet inte ägaren av lägenheten hur hen ska reagera. Ägaren tänker, det här är min lägenhet, och visar vägen ut. Har du någonsin tänkt på att du och djuret delar planeten? Man kanske enkelt och lugnt öppnar dörren eller fönstret, och visar att det finns en möjlighet för djuret att gå ut. Det kanske visar sig bli en rolig eller trevlig upplevelse att ha en besökare i huset en stund.

Du är en del av det hela. Sättet du väljer att leva påverkar din omgivning.

Man kan ge tillbaka till naturen på så sätt att man ser till att bevara de arter som redan lever på planeten. Värdet är lika för allt liv. Det finns interaktioner i naturen som inte forskning visat ännu, speciellt i de djupa haven på ca 10 000 meters djup. Man vet inte vilken påverkan livet i djuphaven har på resten av havet.

Man kan bli medveten om att vi delar planeten med andra. Varelserna har sin plats i naturen och vi är en del av naturen. Det är inte så att man står över annat liv på jorden. Vi står heller inte utanför. Då människan inser detta kan samtal om miljön förändras till det bättre.

Samtalar man om miljön och är lösningsorienterad så har man också biodiversitet centralt i agendan. Med bättre syftar jag inte bara för människan utan för luften, jorden, vattnet och för allt liv.

Bara för att saker händer i andra länder eller på andra sidan jorden betyder det inte att andra får lösa det. När det kommer till miljöfrågan går det inte att separera. Det är en jord, en enhet, ett system. Allt hänger ihop. Global medvetenhet är att man är medveten om att man är en, men också en del i helheten. Miljöfrågan må vara den största utmaningen människan har ställts inför. En kan källsortera och återvinna, så kommer man väldigt långt när det gäller att vara miljöfrämjande. Skulle alla göra det så har du miljarders människor som gör det. Nedskräpning är en stor orsak till miljöförstöringen. Återanvändning av material är ett sätt att skapa en bättre värld.

Den globala medvetenheten gör att man väljer att bidra på ett sätt som gynnar alltet. Det är inte längre enbart etniciteter eller grupper som ska gynnas utan nu ska hela världen med. Det är genom denna breddning av medvetande är som miljövänlighet kommer till. Denna globala medvetenhet är lösningen på miljöförstöringen.

Det resulterar i att man som lösning börjar återanvända material. Material återanvänder sig inte av sig självt. Det gäller att du ser till att produkter hamnar i källsortering. Det kan vara en liten sak att sortera avfall i hemmet, men effekten det har är stor.

Hur behandlar du naturen? Väljer man ett intelligent val, gynnar det dig, din hund (om du har en), din mamma, din skolfröken och din kompis på andra sidan jorden. Det gynnar även din kompis pappa och deras katt (om de har en). Det gynnar alla på planeten. Kvantfältet går igenom allt i hela universum och energin i fältet färdas från ena sidan jorden till en annan. Det är sammanflätat.

Då människan börjar återanvända allt material som människan använder blir det ett återanvändningskretslopp av material som exempelvis plast och metall. Det är en stor del av lösningen på miljöfrågan. Det gör att man kan upphöra med begäret efter jordens naturresurser.

Ska du enbart älska dina barn, din familj eller dina nära och kära? Man kan expandera potentialen tills att man känner sig tillfredsställd. Samma kärlek, medkärlek och förlåtelse du har för familjemedlemmar och nära kan du också ha för hela din omgivning. Har du inom dig att älska någon över huvud taget, eller att ta emot en förlåtelse, så kan du även utöka detta till att inkludera andra. Det är endast du som hindrar dig själv från att åstadkomma detta. Hur kommer det sig att du ser det bästa för dina barn, men inte för planeten? Ditt barn är ju i och på planeten. Det interagerar med andra varelser på planeten. Det är ju en del av planeten. Om det är en del av planeten så är mossbräken, nakensnäckan, och lemuren också liv precis som ditt barn. De prioriteras därför lika mycket. När man ser detta börjar ett fylligt och fantastiskt liv.

Vi har kommit så långt med utvecklingar inom teknologi, bara det visar att människan är kapabel. Man kan rikta uppmärksamhet inåt och forska i vem man är. Det är dags att ordna på insidan. Låt oss säga att man är på en fin strand på någon ö och allt yttre är bra, men man är inte tillfreds inombords, då spelar det ingen roll att man är på den vackra platsen.

Att vara hållbar är också att se till att det finns biodiversitet. Hållbarhet banar väg för biodiversitet.

Det finns faktiskt de som klagar på att gaturengöringsbilen låter för mycket när den kör förbi och gör rent. Är det verkligen klokt att klaga på en rengöringsbil när den gör rent den gatan du bor på? Det är en fantastiskt bra sak att just din gata är ren. Du bor ju där!

Förr var det inte så här. Vi var inte heller lika många på planeten. Många ser upp till detta sätt som västvärlden lever på. Det är levnadssättet som ställer till det. Skulle människor inse det så skulle vi också kunna vara fler människor. Om alla ska ha en samling av de senaste bilarna i garaget, så går det inte runt. Det är väldigt stora mängder metall som går åt. Bara garageplatserna tar upp för stor yta.

Vissa nöjer sig inte med en båt utan ska köpa flera yachter. Det går inte ihop om alla ska ha 6 yachter. Det hela fungerar inte. Bara materialet är så mycket. Ytan varje båt ska ha blir för stor. Ju mer saker du samlar på dig, desto mer ansvar får du.

Det finns så mycket byggnader i världen. Människan har byggt så mycket lägenheter och hus på planeten. Tänk dig nu alla hotell, vandrarhem och lokaler som står tomma varje natt, p.g.a. att de inte hyrs ut.

Ska alla ha en 350 kvm bostad och bo själv eller med en sambo? Det är så stor yta en människa tar upp. Vissa stannar inte där, utan ska ha hela slott för sig själva. Tänk dig om alla skulle vilja ha en sådan kåk. Det går inte. Det blir ett globalt ego. Du måste ha med alla varelser i beräkningarna när du gör något. Se dig som sjöstjärnan, kiwiplantan eller röksvampen. De lever också.

Sedan är det vissa som ska ha alla dessa saker, 350 kvm huset, båtarna och bilarna. Det håller inte. Det är ett ego som inte nöjer sig. Ibland har man saker framför sig, exempelvis en lägenhet. Man kanske t.o.m. har möbler i lägenheten. Man kan vara tacksam för sitt hem. Egots strävan är att ständigt bli större. Det nöjer sig inte, det är så det överlever.

Ibland är det de basala och små sakerna i livet som gör livet gott. Det kan vara att man tar en promenad och upplever att hur det är att andas in luften. Man kan uppskatta att man vaknar upp på morgonen och har sällskap, det kan vara en vän eller ett husdjur. Om man föredrar att vara själv så kan man vara tacksam att man enbart lever.

Nedskräpningen är ett egoistiskt beteende då egot endast ser den tillfälliga tillfredsställelsen, som är falsk, att exempelvis inte slänga skräpet i papperskorgen, för att det är för jobbigt. Att bara kasta saker var som helst, efter att man har använt dem är faktiskt absurt.

Det finns de som anser att återanvändning av material inte är värt det, utan väljer att ligga kvar i den bekväma soffan, istället för att börja med sortering. Vad du väljer har att göra med om du ens kommer att ha en soffa kvar eller ens ett hem.

Vissa anser att gå till källsorteringen inte är värt det och anser att det ändå inte spelar någon roll. Det är samma sak som att tillåta ondskan finnas i världen.

Återanvändning är inte enbart för dig utan för andra. Man kan också säga att det är ett sätt att ge till andra. Eftersom du inte använder naturresurser annat än vad som går åt i återanvändningskretsloppet, så gynnar du livet i naturen. Du kan inte återanvända allt på en gång utan du gör det lite i taget. Du gör det du kan.

Att trivas är också när miljön trivs. Återanvändningscykler av produkter gör att andra frodas.

Vissa kanske anser att de måste köpa de senaste sakerna. Om en sak går sönder kan man ersätta den, om man har råd med det. Denna överdrivna konsumtion tar av jordens resurser. Egot exkluderar andra i omgivningen. Bortser du från det är det ett egoistiskt beteende. Tänk en planet som gör detta. Det går ju inte.

Det man kan göra är att se sig själv göra detta och bara genom att se sig själv göra detta, så dyker det upp ett val inom en. Med allt som står i denna bok inräknat, går det därefter att ta ett beslut.

En som impulsköper hinner inte ha med andra i sina beräkningar, innan hen bestämmer sig. Finns det en medvetenhet så kanske man väljer att inte köpa produkten. Det är en möjlighet det också. Man ser egot som försöker och försöker framföra alla bra sakerna med föremålet. Egot har en tendens att förvränga saker, så att den ska övertyga dig att överkonsumera. Ju större inköp, dvs. ju mer resurser som är inblandade för att produkten ska hamna i affären, desto större ego. Egot använder impulsköp för att finnas. Det är inte nöjt förrän det har överkonsumerat. Det är ett begär eller ett kollektivt ego som för med sig destruktivitet. Men innan du väljer så ser du också möjligheterna om du inte impulsköper. Det kan vara att du tycker barnen ska ha en skog att leka i. Du kanske har en genuin kärlek för andra i din omgivning. Är du den som är med i en medveten utveckling som resulterar i att världen blir en bättre plats? Du kanske ser tydligt att det inte går ihop om alla impulsköper. Här spelar intelligens in. Det gäller att få in helheten i synsättet. Dessa beslut kanske bringar en tillfällig glädje, men på bekostnad av naturresurser.

Man kan vara uppmärksam om man hela tiden köper saker till andra för att visa att man älskar dem. Om du hittar ett annat sätt att visa dem det vore det bra. Du kan också prova att säga: – Jag älskar dig. Jag säger inte att presenter är fel, men man kanske inte bara ska köpa presenter varje gång man vill säga att man älskar dem. Man kan se att detta beteende har en effekt på miljön. Ha med naturen i dina beräkningar när du är ute och shoppar. Inte endast agera på ett ego som vill dra saker till sig.

Den som ständigt söker tillfredsställelse i en produkt eller tjänst är ute efter snabba kickar eller en temporär tillfredsställelse. När du avidentifierar dig med produkten så hamnar du i en tillfredsställelse som är långvarig, t.o.m. evig. Den tillfredsställelsen är inneboende. Den går inte att hitta på utsidan. Om du identifierar dig med en form eller produkt för mycket blir det svårt att låta den gå. Lika mycket som du identifierar dig med produkten, måste du också avidentifiera dig. Det kan vara en bra känsla att göra sig av med t.ex. en samling i källaren som bara ligger där och inte används. Det kommer med en frihetskänsla.

All överdriven konsumtion är på bekostnad av naturen. Detta egorelaterade beteende ligger till stor grund för miljöförstöringen. Denna tillfälliga "kick" tonar ut. Om konsumtion är överdriven så är man inte tillfredsställd på riktigt. Man söker då ständigt tillfredsställelse i form.

Har man flyttat in i en lokal eller en lägenhet kan den vara nyligen renoverad. Vissa väljer att renovera om lägenheten eftersom temat inte passar in på den idén man har. Det är mycket resurser som går åt för detta. Om den ändå är nyrenoverad och inte passar ditt tycke gör du miljön en tjänst i att inte flytta in i just den lägenheten. Det kan finnas en annan som tycker om den och bestämmer sig för att flytta in. Det kan handla om stora lokaler eller anläggningar.

En del samlar på saker som de inte använder. Det kan vara hela källarförråd av prylar som man samlat på sig. Det går alltid att ge vidare saker till andra. Det kan vara till någon secondhand. Det finns en del bytes och bortskänkes-forum man kan vända sig till. På så sätt minskar konsumtionen.

Vissa kan under en period i livet uppleva att de kommit långt ifrån naturen. Bor man i metropoler där det är mycket byggnader och raka strukturer kan det komma naturligt att återgå och vara i det vilda. Det finns även forskning som visar att vara i naturen har medicinska fördelar. Kopplingen med naturen synliggörs och man upplever genast mer vitalitet. Majoriteten av naturen lever inte i boxar som ofta är staplade på varandra. Eftersom du sitter ihop med alltet så påverkas du av hur du lever och andra i din omgivning. Det är hälsosamt att ofta återgå till sin sanna natur. Jag säger inte att man ska gå tillbaka till att bli grottmänniska igen, men jag säger samtidigt inte att man ska isolera sig i en megametropol i en lägenhet, då man är på jorden.

Det behöver inte vara så att alla helt och hållet ska flytta till landet och bo där, för att få uppleva de medicinska fördelarna med naturen. Man kan även då och då vara i det vilda. Bara detta har effekt. Om du är en av dem som har ett sommarställe på landet, kan det vara bra att vistas där ibland, speciellt om du jobbar mycket i en stadsmiljö.

I och med att man känner sig mindre stressad när man är i naturen, håller man sig friskare, då stress leder till massvis med sjukdomar. Det i sin tur gör att människor lever längre. Det ökar även prestationsförmågan. Det är därför man känner att man orkar mer, när man kommer tillbaka efter en semester på landet.

Det går att uppleva ett avbrott i allt tjatter i sinnet då man befinner sig i naturen. Det går att sammanföras med en stillsamhet. Detta gör någonting med en. Då man återgår till urbana områden har man detta inneboende i sig. Ungefär som man känner sig efter ett träningspass, fast inte hur det upplevs i fysiska kroppen utan mer på ett formlöst plan inom sig. Vi pratade om meditation tidigare i boken. Man kan göra det till en övning att gående meditera i naturen. Ju mer man tränar på att vara närvarande, desto mer mer permanent blir det. Man kan vara medveten om denna närvaro när man går ut ur skogen. Det är möjligt att ha med sig ett lugn och en stillsamhet även i urbana områden. Det är som att komma hem.

Vissa väljer att leva större delar av livet i skogen. Vissa kan leva som eremiter djupt inne i skogen.

Det var det Björn Natthiko Lindeblad gjorde under delar av livet.

När det gäller vissa energikällor som kol, olja, naturgas, även kallade fossila bränslen, så är de ändliga. Oljan hinner inte återbildas naturligt innan människan tar upp den ur jorden. Det säger en del om att det är ett ego där. Det kollektiva egot bara tar av oljan. Egot är inte naturvänligt. Det vet inte vad det är. Skulle oljan hinna tillbakabildas och finnas i marken i tillräcklig mängd skulle det inte vara ett ego att använda oljan i marken. Att vara miljövänlig är så främmande för egot att det väljer beskyllning istället. Det individuella egot är kopplat med andra och beskyller att det är de andra som gör detta mot planeten. Egot nöjer sig inte förrän det tar kol på den som tar.

Vissa har en elbil. Det är såklart bättre än att ha en bensindriven bil. Är elen till elbilarna helt förnybar så är det utmärkt.

Eftersom olja är en naturprodukt så är olja en ändlig produkt. Man kan inte bygga världar på naturvaror. Produkterna tar slut förr eller senare. Att inte se detta nu, är egoistiskt. Ta hand om de resurser vi har på jorden.

Allt är tillgängligt för dig, men att enbart ta utan att ge tillbaka går inte.

Är det inte trevligt att ha en skogspromenad att ta då och då? Det vore också trevligt att det finns liv i skogen. Låt oss bevara den mångfald som finns.

Det har tagit miljarder år för en art att finnas. Försvinner en art så försvinner den för alltid. Alla dess interaktioner förvinner också. Det är inte bara den som försvinner utan den kan vara sammanvävd med andra. Det kan sätta igång en kaskad av händelser. Det är inget man kan greppa. Sinnet försöker sätta saker i fack. Även orden dynamiska interaktioner på många plan samtidigt i olika dimensioner, är ord. Det är ett försök till att beskriva, men det kommer ändå ifrån sanningen. Livet bara är. Människan har denna tro att den kan fixa allt. Det går inte att göra en "make over" som när man inreder en lägenhet. Vi människor måste se skönheten, kärleken och intelligensen i varelserna i naturen. Det finns ett värde i varelser i naturen. Bara genom att förstärka detta kan vi träda ut ur egobeteendet som ger upphov till miljöfrågan.

Många säger att miljöförstöringen är en så stor fråga, och väljer istället att inte bry sig. Det gör att man inte ser sig som delaktig i helheten. Du kan inte inte vara delaktig. Du kanske har ett jobb, en lägenhet, fritidsaktiviteter eller liknande. Allt detta har en effekt på miljön. Jag säger inte att du inte ska ha detta, men jag bara visar på att en medvetenhet gör att du kan fortsätta ha kvar detta i livet. Om man inte ser sig som delaktig i helheten så är det som att lägga miljöförstöringen på andra. Om man tillåter detta globala ego gå för långt så löser man inte något utan istället gräver man sin egen grav.

När det kommer till miljöfrågan, se bortom vad som är rätt och fel. Det handlar faktiskt om liv eller död. Man kanske ställs inför frågan: Ska man göra något åt miljöfrågan? Det är kanske de som sitter i regeringarna, politikerna, som ska fixa det? Det är självklart både du och politikerna som skapar förändringen. Lämnar du enbart över det till regeringar så, säger du dels att du inte är delaktig i det hela, dels att du beskyller andra. Om det finns ett ego så är det enklare att se det hos andra än hos sig själv.

Människor lägger ner så mycket energi på saker som är ganska tomma i sitt innehåll. Vissa är influencers på internet, för influensens skull. Det spelar ingen roll vad innehållet är, så länge man får följare. Visst, allting man gör kan leda till någonting annat, så det är väl ok.

Det är många som slänger runt ordet lösningsorienterad i så många sammanhang. Man kan applicera detta lösningsorienterade tänk när det kommer till miljöfrågan. När det kommer till miljön bör lösning vara det centrala i de samtal man har. Jag menar inte det på något futilt sätt. Ett futilt sätt kan vara att t.ex. endast ett område på jorden är inräknat. Visst det har en minimal verkan, men inte utan någon större effekt. Global medvetenhet är också att se enighet i allt liv. Enighet i världen minskar egot. Kan samtalet föras utan ego, är det hela löst. Om saker som girighet och beskyllning tillåts komma in i samtalen så kommer människan ingen vart.

Många hävdar att miljöfrågan är för svår. Det är en utmaning, det är det, men det handlar om vem du är och vad du bidrar med på planeten. Du kan bidra med naturvetenskaplig forskning. Hur du lever återspeglar den du innerst inne är.

Finns det inget ego, så kan du åstadkomma vad som helst. Medvetenhet gör att du ser lösningar när du ställs inför miljöfrågan. Finns en medvetenhet finns naturvänlighet.

Man gör det man kan, var man än är på planeten. Är man i en position där det beslutet man tar förändrar och bidrar till miljön, använder man intelligens. Du behöver inte vara på någon position i världen för att göra skillnad. Bara du, de beslut du tar, har en effekt. Det är enbart om vi gör detta tillsammans. Skulle alla göra det så är vi hemma.

På vissa områden på jorden finns endemiska arter, som endast finns just där. Det kan vara sällsynta varelser i naturen. Global medvetenhetsutvecklingen gör att även dessa blir inräknade i miljöfrämjande, då människor var de än är på planeten vaknar upp. De kan vara fridlysta. Bevarar man dessa gör man världen till en bättre plats. Biodiversitet handlar egentligen inte om att man endast odlar en art och täcker hela planeten med den. Det handlar om att bevara det som redan är här och som delar livet med dig.

Om en art försvinner kommer den inte tillbaka. Det har tagit miljarder år så att arten kan bli till. Ibland kan livet vara väldigt skört. När det gäller endemiska arter så är det bra om det finns medvetenhet om dessa arter.

Jag hoppas en dag att människan kan avverka jakt av djur, som enbart sport. Då kan man kanske använda termer som ondska.

Man kan ta till sig innehållet i boken. Låt oss säga att du sitter på en position, om det är politiskt, där ditt beslut kan göra en skillnad i så många led när det kommer till miljöförstöringen. Du kanske sitter i en myndighet, ett företag, en organisation eller en förening. Tar du inte detta beslut tyder det på ett förstärkt ego. Vissa beslut har mindre effekt, andra större. Varje beslut gör skillnad.

Detta är inte någon rörelse. Om ni behandlar detta som en rörelse, så kan den också försvinna. Detta är essensen av den du är. Du är kärleksfull, omtänksam och har medkärlek. Det är en permanent del av universum. Det är endast då du med medvetenhet ser på detta som en intern del av dig, som du gör skillnaden i världen.

Tar man till sig detta, så faller saker som girighet och beskyllning bort. Beskyllningen är en av de större faktorerna när det kommer till miljöförstöringen. Det kan vara olika saker som att man tillhör en viss gruppering. Vissa säger genast: – Jaja, men de där borta gör ju det. Det gör att man lägger ifrån sig allt på någon annan. Istället för att beskylla andra i miljöfrågan, så kan man se efter om det finns något ego inom sig. Egot separerar och använder beskyllning.

Vissa människor har mycket pengar. Man kan använda pengar till att göra nytta för miljön. Med pengar kan man bevara biodiversiteten.

Miljömedvetenhet är större än medvetenhet om jorden. Miljö innefattar också rymden.

Har du frågat dig själv någon gång: Vad är det jag håller i handen? Hur har den kommit hit? Jag menar inte att du betalt för den och köpt den i en butik. Att det finns medvetenhet om varenda beståndsdel av produkten. Är det tyg? Var kommer tyget ifrån? Är det besprutat med medel? Vad innehåller medlet? Är det naturvänliga kemikalier?

Det är ett ego som slänger avfallsämnen i naturen och inte kompenserar naturen. Det är enklare att se detta ego hos andra och säga saker som: – Jamän, de slänger saker på marken, varför ska jag bry mig? Det gäller att vara medveten om det är ett ego där. Det är bra att vara medveten om vad som händer inom sig själv och sin omgivning, eftersom världen inte skulle fungera om egon är i spel. Det räcker med att du känner en annan människa i en del av världen. Den människan kommer att påverkas av det du gör. Molekyler färdas med luften och med haven. Det finns en möjlighet att leva i en ren värld. Vi måste agera nu. Bara genom medvetenhet kan vi lösa detta.

Produkter i världen

Global medvetenhet gör att man har med hållbarhet i det man gör. När man ifrågasätter hur produkten har hamnat på butikshyllan så börjar en medvetenhet att öka. Denna medvetenhet har hållbarhet som verktyg för att skapa en bättre värld. Låt oss tillsammans skapa en hållbar värld för allt och alla.

För att tillverka plast behövs maskiner som går på någon form av energi. Det krävs också kemikalier för tillverkning. Plasten paketeras, vilket också kräver material. När den ska ut till dem som ska ha plasten så transporteras den. Om inte tillverkarna själva använder plasten, eller om den hämtas av någon som använder plast i närheten, så gör de det, annars transporteras den. Om plasten importeras från annat land kommer den med flyg, transportfordon (kanske lastbil) eller båt. Det kan finnas annat transportmedel. Om flyget använder bränsle som bensin så kommer det ursprungligen från olja. Transportfordonens avgaser påverkar också luften. Oljan kommer från naturen. För att få ut olja krävs att man borrar hål i jorden. Detta tar på planeten. Det är ett ego i spel.

Att bara ta och ta utan att ge tillbaka till naturen är egoistiskt. Desamma gäller lastbilen om den nu går på bensin eller diesel. Även båten om den nu drivs med bensin. Om den inte importeras utan produceras nationellt så har avståndet till den som använder plasten betydelse.

Det går inte att fånga upp alla mikroplaster, på ett fungerande sätt. Det jobbet är för omfattande. Så länge det är stora bitar som går att detektera så går de också att återanvända. Det finns så många olika plastmaterial som går att använda på så många olika sätt.

Nycklar är mestadels gjorda av metall. Metallen kommer från gruvor. Där har man gjort stora hål i marken för att samla metaller. Att man tar ut metaller och mineraler ur jorden har en påverkan på natur. Intilliggande sjöar och vattendrag kan påverkas av metallerna från gruvan. Det kan påverka livet i både marken och vattnet. Maskinerna som gräver går mestadels på bensin. Bensinen förbränns i motorn och ut kommer avgaser. Metallen ska också renas. Om detta inte sker på plats så måste den transporteras till en anläggning där metallen renas. Maskinerna i anläggningen går på någon energi.

Då processen är klar ska metallen transporteras. Om man inte använder metallen nationellt så exporterar man metallen till andra länder. Transporten kanske sker med lastbil, båt eller annat transportfordon. Är det bensindrivna transportfordon, vare sig det är lastbil eller båt, så släpper de ut avgaser. Nyckeltillverkaren använder maskiner för att producera nyckeln. De går också på energi.

Burkar man köper i butiken kan vara gjorda av aluminium. Aluminium går att hitta i marken eller i berg. Maskinerna som används för att göra hål i marken kan vara bensindrivna, bensinen kommer ju i grunden från olja. Samma sak gäller här, att vattendrag och liv i vattnet kan påverkas.

I Sverige finns det bra kranvatten. När vattnet renas går det igenom en del processer som kräver energi. Om man använder varmvatten så går det åt energi till att värma vattnet. Om energin är förnybar är det bra.

Girighet, spelar roll när det kommer till miljöförstöringen. Flaskan man köper i butiken är ibland gjord av glas. När glas tillverkas i en fabrik så går det åt en del medel.

I tillverkningen används maskiner som går på elektricitet. Glasflaskor transporteras här också dit de används. Jag tar upp det här exemplet eftersom det kommer en fråga. Frågan är: vad gör du med glasflaskan när du använt den? -Jag stannar där. Ta in frågan och verkligen var i detta. Svaret på frågan säger om du och andra ska vara kvar på planeten.

Man kan tänka på detta sätt med allt material som människan handskas med.

Klimatneutral näringsverksamhet

Allt är tillgängligt för dig. Universum/Gud/Naturen, vilket av dessa du föredrar, ger dig allt. Frågan är om du är mottaglig för detta. För att vara mottaglig måste du vara redo. Jag pratar inte om att ta, utan att få. Tacksamhet för det du har bringar mer. Att vara tacksam för de små sakerna i livet, t.ex. att du har en stol att sitta på eller att vägen du går på känns behaglig. Du kan också vara tacksam för andra saker såsom att du har mat framför dig, eller ett tak över huvudet. Detta genererar mer av det du är tacksam för.

Människan har tillgång till alla resurser på planeten. Om inte ens människor kan lösa eländet och misären i form av fattigdom på planeten, hur ska den då klara sig uppe i rymden? Det är ett ego som bara tänker *mig*. Det är tillfredsställande att ge.

Valet ligger hos dig. Hur behandlar du naturen? Det är inte någon annans fel när det gäller miljöfrågan. Du kan dra paralleller till dig själv och se om det finns ett ego där.

Det kan finnas restprodukter i fabrikstillverkning. Visst finns det lagar i ett flertal länder om att ta hand om dessa restprodukter. Forskning visar att om ämnen från fabriker och industrier kommer ut, kan de hamna i bl.a. luft och vatten. Dessa substanser kan hamna i omlopp i naturen. I samband med industrialismen så har det läckt ut ämnen i naturen, som med forskning visat toxicitet.

Tar man inte hand om detta avfall så är det att tänka ur det lilla perspektivet. Det är ett ego som anser sig separat från allt i omgivningen. Det enda sättet är att medvetet se sig som enad med naturen. En del av helheten. Vi har en effekt, vi må vara mindre än vissa djur, men vi har en potential till att göra fantastiska saker.

Företag som inte inkluderar livet i omgivningen och endast tänker på produktion, effektivitet och vinst, lever inte fullt ut. Att se sina barn och nära på ett kärleksfullt sätt är bra, men man kan också expandera inkluderingen till hela universum. Utsläpp påverkar alla. Det är ett slutet system.

Avfall från industrier och fabriker påverkar luften och omkringliggande natur. Vid tillverkning i fabriker och andra säten kan biprodukter förekomma. Biprodukter från tillverkning i industrier kan vara toxiska och påverka vatten. Om dessa toxiska ämnen kommer i vattnet, påverkas det liv som finns i sjöar, floder och hav.

Inte bara det att beskyllningen gör att man inte kommer någonvart i miljöfrämjande samtal utan det sprider även en negativ energi. Det är inte så trevligt att vara i samma rum som en som slänger massa kommentarer på dig, som kanske inte är av positiv klang.

Om du sitter kvar och blir medveten om det dyker upp en beskyllande kommentar inom en, går det att, innan det kommer ut, skifta om den och istället titta om det finns ett ego inom en. Man kanske kommer fram till att man har gemensamheter med den andre.

Vissa svårigheter i livet övergår och ger upphov till att man kan ta till sig en lärdom. Vissa lärdomar är större än andra. Miljöförstöringen har stora lärdomar.

Tar du till dig dessa lärdomar kan du utvecklas oerhört på ett medvetet plan. Händer det saker på ena sidan av världen, så påverkar det områden på andra sidan.

Städar människan upp efter sig så är det ett paradis på jorden. Att minska på utsläpp är att städa upp efter sig. Egot skapar separation och hävdar att det inte ska städa upp efter andra. Egentligen är det en själv man städar upp för. Egots hävdan är övertygande nog, men om du är medveten om vad du gör så ser du att detta gäller dig i högsta grad. Kompenserar man miljön fast inte 100% så är det också ett ego. Det är bra att uppmärksamma det.

Om det är en stad med avgaser kan det lägga sig som ett täcke och göra att du inte kan se himlen och solen. Under coronaviruspandemin så var det många som var i karantän och inte använde transportfordonen så mycket. Det resulterade i att täcket av avgaser minskade i vissa städer och man märkte en signifikant skillnad. Man kunde se himlen och solen. Detta är ett direkt bevis på att det går att omgöra detta med smog. Människan kan lära sig någonting av detta. Åtminstone är det en bra grej som kom utav coronaviruspandemin.

Här var det inte att vi behövde göra någonting, utan vi behövde inte göra någonting.

Är man i urbana områden så är det faktiskt inte så att det inte finns något ställe att slänga skräp på. I många länder finns det en del papperskorgar på gatorna. Om det inte finns tillräckligt med papperskorgar så är det hög tid att regeringar börjar bygga papperskorgar.

En del företag har börjat ge tillbaka till naturen genom att odla träd. Det kan vara så att när man handlar en produkt av företaget så planterar företaget ett träd. Man ska fortsätta med detta sätt att ge tillbaka till naturen. Visst, jorden blir grönare och man får ner CO_2-halten i atmosfären. Ett mycket bättre sätt att ge tillbaka genom är att se till att bevara biodiversiteten. Det kan vara att plantera stor variation av växter. Man kan plantera på så sätt som går ihop med den floran och faunan som redan finns i området.

Det här handlar inte enbart om ett fåtal företag som kan välja att göra nytta för omgivningen, utan en värld där alla är lika delaktiga.

Ett företag eller en organisation kan göra skillnad om biodiversitet genomgår verksamhetens hela policy. Är det ett större företag med mycket inköp och många anställda är effekten större. Såklart är det bättre om alla företag på jorden, små som stora, gör detta. Det kan vara en mindre justering som medför en förbättring när det kommer till miljön. Såklart om större förändringar i företagets policy görs för att främja biodiversiteten så är det bra. Det möjliggör ett fylligare liv. Det kan även medföra framgång. Framgång är också andras framgång. När du väljer ett intelligent val möjliggör det att du kan vara kvar och leva på planeten.

Alla företag borde ha 0 % klimatpåverkan alltså vara helt klimatneutrala. Det börjar med att man klimatkompenserar. Man skulle kunna säga naturkompensera istället. Att ge tillbaka till naturen är så mycket mer än klimatkompensering. Du kan t.ex. plantera träd, rena sjöar, det finns så många sätt på att göra skillnad på.

Jorden säger till när människan enbart tar naturresurserna. Det känns bra när du ger av dig själv till andra.

Om man plöjer och odlar för mycket på en och samma jord kan bördigheten i jorden försämras. Man kan ge tillbaka till naturen genom att se till att det finns ett rikt mikroliv i jorden. Man kan se till att jorden är rik på näringsämnen och mineraler. Det handlar inte bara om att det finns mycket bakterier i jorden. Det ska vara en diversitet bland bakterierna och svamparna i jorden. På detta sätt återger du vitalitet till jorden. En hälsosam jord ger även frisk flora och fauna.

Det finns vissa verksamheter som ger tillbaka till naturen, fast inte är helt klimatneutrala. Det är ok att vara det, men att vara helt klimatneutral är bra, för då har ingen några invändningar på din verksamhet när det kommer till klimatfrågan.

Är det toxiska avfallsprodukter från fabriker som kommer ner i jorden påverkar det jorden.

Klimatkompensering eller naturkompensering bör varje företag göra och målet för alla företag bör vara att bli helt klimatneutrala. Det är det enda sättet. Varje steg i riktningen att bli helt klimatneutrala är bra.

Det kan vara en mindre förändring i företaget, t.ex. att man ändrar en produkt. Det går även att byta ut en produkt eller en tjänst. Man kanske väljer en leverantör som också är helt klimatneutral. Tjänster spelar roll också, då vissa tjänster omfattar många moment och kan inkludera både transporter och resurser. Här gäller samma. Man kan byta ut tjänster, förändra eller skapa naturneutrala alternativ. Det går alltid att samtala med leverantörer för att skapa miljövänliga alternativ. Man kan också komma med förslag till företag om sätt att bli mer naturneutrala.

Gör du det du kan är det ingen som har någon invändning. Man kan uppmärksamma det som föregår inom en och om det finns någon beskyllning, när det gäller hur andra behandlar miljön, så kan man se det innan man tar ut det på den andre. Man kan bidra med att göra världen bättre på sitt unika sätt. Bedriver man forskning på miljön är det bra.

En miljövänlig verksamhet, organisation, förening är klimatneutral.

Är det en organisation man startar bör man titta på vad det är för inköp man gör. Har det en påverkan på miljön? Kan man förbättra inköpen så att man behåller biodiversiteten på planeten? Det finns alltid en väg. Det är inte litet, det du gör. Det går inte att greppa. Det kan handla om en produkt. Det kan handla om att det är en liten mängd toxiska ämnen. Det kan vara avgörande för en arts överlevnad. Vissa varelser i naturen klarar av högre doser av toxiska ämnen. Är kroppen mindre så handlar det om mindre dos. Genom medvetenhet kan du välja att agera på ett sätt som främjar dig.

Människor ser när företag börjar återvinna sitt avfall. Det gör att mänskligheten öppnar upp hjärtat för dem som gör det. Detta gör att andra företag organisationer, säten tar till sig det och också ger tillbaka till miljön. Att ha miljöfrämjande som genomgår hela företagets policy är fördelaktigt för anställda inom företaget.

Det ska inte vara så att enbart företag som gör nytta när det kommer till miljöfrågan, sticker ut från mängden. I en värld där alla företag gör detta och är 100 % klimatneutrala är det ett slutet kretslopp.

Det är bra att företag bryr sig om sina anställda, dvs har schyssta förutsättningar för sina medarbetare.

Företag som inte inkluderar livet i omgivningen och endast tänker på produktion, effektivitet och vinst, älskar inte livet. Man kan leva livet fullt ut. Man behöver inte enbart se familj och de som är nära, som liv. Utsläpp påverkar alla. Det är ett slutet system.

Människor ser när företag börjar agera på det här sättet. Jag menar företag som återvinner sitt material och bryr sig om omgivningen. Det finns företag som är ekologiska, återvinner, kanske t.o.m. skänker lite av vinsten. Visst, pengar är en del av livet, men prioriterar man medvetenhet så kan vi vara kvar på planeten. Pengarna är inte fördelade jämnt över alla på planeten. Att ge tillbaka till naturen och främja biodiversitet bör vara fundamentalt och genomgå företagens policy. Vi kan använda teknologin för att gynna biodiversiteten på planeten.

Det är bra att höja medvetenheten kring miljöfrågan. Nu när det börjar växa fram en ny medvetenhet kring miljöfrågan går många verksamheter ut och säger att de är klimatneutrala, ekologiska eller liknande. Det är bra, nu när medvetenheten om miljöfrågan ökar. Detta för att omgivningen ska veta det. Men man behöver inte skylta för mycket med det heller. Då kan det bli ett ego, som hävdar sig. Ett ego som jämför sig och kanske anser sig vara bättre än andra. Du behöver inte visa omvärlden hur bra du är på att ge tillbaka till jorden. Det är också ett ego som visar upp sig. Det säger -Titta på mig. Det syns ändå. Om du är ett klimatneutralt företag kan du nämna det. Världen tackar dig på sitt sätt.

Lär med sättet du lever. Var den förändringen du anser världen behöver.

Man kan kompensera, det som även kallas klimatkompensering, på väldigt många sätt. Man kan rena vatten. Det finns säten och organisationer som utför miljöfrämjande arbete på olika sätt. Som företag går det att vända sig till dem.

När jag säger det, så är det många som tänker: Jamen, om det redan finns en massa säten och organisationer som gör det arbetet, så då vad spelar det då för roll om jag gör det också? Genom att säga: – vad spelar det för roll? så säger du egentligen: – jag är inte delaktig, varför ska jag fixa det? Det går inte att beskylla andra i miljöfrågan. Det är två egon som beskyller varandra. Ja, det går att vara två egon. Det är två falska identiteter. Egot kan likställas med det lilla jaget. När världen träder ut ur identifieringen med egot löser vi samtidigt miljöfrågan.

Medvetenhet om dig själv och din omgivning gör att du ser dig som en betydande komponent. Bara genom medvetenhet kan man lösa detta.

Det finns vissa som spenderar stora delar av livet på och i anslutning till vattnet. Men majoriteten av människor spenderar mestadels av livet på land. Människan kan bidra med att öka biodiversiteten i korallreven genom att upphöra med vissa aktiviteter. Precis som med uppklarnandet av skyn under coronaviruspandemin så kan livet fortsätta i korallreven.

Så vem är det som åker till rymden?

Människan må vara den intelligentaste varelsen på planeten, men ibland agerar den som om den inte är det. Det går inte att undgå, miljöfrågan gäller alla. Det är ett slutet system. Det finns ingen som inte är inräknad i detta. Här ställs människan inför ett val. Med intelligens kan människan välja att agera på ett sätt som gynnar allt och alla på hela planeten. När du väljer ett intelligent val så gör du att lidandet minskar för dig och andra.

Naturen har sitt sätt att lösa saker på. Det blir inte alltid som man räknat med. Med den intelligens som *Homo sapiens* har kan den fixa allt på planeten. Det är enbart om man agerar nu. Livet upprätthåller ändå sig självt. Frågan är: ska människan vara inräknad?

Med rubriken: Så vem är det som åker till rymden? syftar jag på vem som i ett namn, t.ex.: Gustav Andersson, men också vem som i vem du är.

Vad är det du vill visa i interaktioner i rymden, finns det ett ego så se att det bara för med sig destruktivitet. Världen behöver inte räddas. Varje varelse gör det den kan för att göra världen till en bättre plats.

Skickas det barn till rymden? Hur har man uppfostrat dem? Hur ska de bete sig?

I dagsläget har Elon Musk sett till att raketer åkt till Mars. Det enda jag nämner angående det här, är att det har påbörjats.

Det går att leva i samhörighet och enighet med naturen. Ett sätt är att det blir ett återvinningskretslopp på så sätt att t.ex. metall används, källsorteras och återvinns. På så sätt cirkulerar metallen.

Samma sak gäller även för glas. Att det blir ett återvinningskretslopp där det används, källsorteras och återvinns.

När det är ett återanvändningskretslopp så behöver det inte tas från jordens resurser.

Att applicera återanvändningskretslopp på produkter och material är en lösning på miljöförstöringen. Det är enbart så lösningen går till. Detta återanvändningskretslopp gör att det blir återanvändning av produkter och de hamnar inte ute i naturen. Det leder till att nedskräpning försvinner.

Eftersom du inte använder naturresurser annat än vad som går åt i återanvändningscykeln, så gynnar du livet i naturen. Du kan inte återanvända allt på en gång utan du gör det lite i taget. Du gör det du kan.

Att trivas är också när miljön trivs. Återanvändningscykler av produkter gör att andra frodas.

Ju mer människor som lever på det här sättet som tas upp i boken, desto större effekt har det. Det börjar med dig. Levnadssättet har effekt. Du upplever enigheten med din omgivning mer då du väljer att leva livet medvetet. Det är ett paradis på jorden, vi behöver bara inse det. Vi har det mesta på planeten, men det är inte fördelat jämnt. Vi ska vara tacksamma för det vi har. Det är så det ökar.

Om det finns ett ego där bör man se det och inte agera på det. Det leder bara till besvär för planeten och destruktivitet. Finns det ett ego vare sig det är individuellt eller kollektivt är det det som inte tillåter dig uppfylla din dröm eller ditt syfte.

Vissa människor som är ”hardcore” vetenskapsmän tycker att boken inte är så bra. Jag kan bara fortsätta att belysa att en syn med både formlöshet och form behövs.